石油工程现场
工作安全分析应用

川庆钻探工程公司安全环保节能处 编

石油工业出版社

内 容 提 要

本书包括工作安全分析管理规范和常见作业工作安全分析汇编两部分。在明确工作安全分析的定义与范围，工作安全分析的管理机构及职责，工作安全分析的实施步骤与要求的基础上，汇编了钻井、试油（气）、物探、固井、测录井、地面建设、后勤车间等专业的常见作业工作安全分析230例，对石油工程服务企业现场作业人员开展工作安全分析有较强的指导作用。

本书可作为石油相关专业的安全管理人员、监督管理人员、生产管理人员和操作员工培训学习用书。

图书在版编目(CIP)数据

石油工程现场工作安全分析应用/川庆钻探工程公司安全环保节能处编．
北京：石油工业出版社，2014.7
ISBN 978－7－5183－0201－7

Ⅰ．石…
Ⅱ．川…
Ⅲ．石油工程－安全技术－研究
Ⅳ．TE48

中国版本图书馆 CIP 数据核字(2014)第 103774 号

出版发行：石油工业出版社
　　　（北京安定门外安华里2区1号　100011）
　　网　　址：www.petropub.com.cn
　　编辑部：(010)64523535　发行部：(010)64523620
经　　销：全国新华书店
印　　刷：北京中石油彩色印刷有限责任公司

2014年7月第1版　2014年7月第1次印刷
787×1092 毫米　开本：1/16　印张：14.25
字数：365千字
定价：60.00元
（如出现印装质量问题，我社发行部负责调换）
版权所有，翻印必究

《石油工程现场工作安全分析应用》
编委会

主　任：李建林

副主任：田建军　周　浩　郑　斌

成　员：卫金平　王　勇　曾尚明　钟　凯

　　　　熊建国　颜小兵　付中新　李　云

　　　　李　虎　邓　谦　李应旭　李　翔

　　　　罗晓密　李文波　张　松　陈其永

　　　　张　剑　蒲怀武

前　言

　　工作安全分析是识别作业过程风险、制定和落实风险预防与控制措施的基本方法，是预防事故事件发生的重要手段。为进一步规范作业现场工作安全分析，提高现场人员辨识作业过程风险并有效防控风险的能力，特组织人员对石油工程现场工作安全分析进行研究，形成了具有针对性和实用性的工作安全管理规范和现场工作安全分析汇编。本书对石油工程服务企业现场作业人员开展工作安全分析有较强的指导作用，也可作为安全管理人员、安全监督人员、生产管理人员对工作安全分析开展安全检查的参考和培训教材。但由于作业环境多样，实际操作运用时，应根据现场作业情况加以选择和完善。

　　本书主要包括工作安全分析管理规范和常见作业工作安全分析汇编两部分。工作安全分析管理规范明确了工作安全分析的定义与范围，工作安全分析的管理机构及职责，以及工作安全分析的实施步骤与要求。常见作业工作安全分析汇编从作业类型、作业内容、交叉作业界面、工作时间、人员分工等各方面因素，编写了钻井、试油（气）、物探、固井、测录井、地面建设、后勤车间等专业的常见作业工作安全分析 230 例。

　　本书由李建林、田建军、周浩、郑斌、卫金平等策划、顶层设计、编排计划、审核和统稿。

　　本书第一部分主要由李建林、周浩、郑斌等编写；第二部分钻井专业主要由王勇、曾尚明、钟凯、熊建国、颜小兵等编写，试油（气）专业主要由付中新、李云、李虎等编写，物探专业主要由邓谦等编写，固井专业主要由李应旭、李翔等编写，测录井专业主要由罗晓密、李文波等编写，地面建设专业主要由张松、陈其永、张剑等编写，后勤车间专业主要由蒲怀武等编写。另外在本书的编写过程中，得到了中国石油川庆钻探工程公司相关处室及二级单位的大力支持，在此一并表示感谢。

　　由于编写人员水平有限，疏漏和不足之处在所难免，恳请广大读者批评指正。

目　　录

第一部分　工作安全分析管理规范 ……………………………………………（1）
　一、管理职责 …………………………………………………………………（1）
　二、工作安全分析的定义与基本要求 ………………………………………（1）
　三、工作安全分析实施 ………………………………………………………（1）
　四、其他要求 …………………………………………………………………（2）

第二部分　常见作业工作安全分析汇编 ………………………………………（4）
　一、钻井专业 …………………………………………………………………（4）
　　1. 吊装绞车工作安全分析表 ………………………………………………（4）
　　2. 吊装转盘及传动装置工作安全分析表 …………………………………（5）
　　3. 吊装钻井泵（皮带轮）工作安全分析表 ………………………………（6）
　　4. 吊装机械锚头工作安全分析表 …………………………………………（7）
　　5. 吊装并车传动装置工作安全分析表 ……………………………………（8）
　　6. 套管卸车及摆放工作安全分析表 ………………………………………（9）
　　7. 吊车下套管工作安全分析表 ……………………………………………（10）
　　8. 换装死绳固定器工作安全分析表 ………………………………………（11）
　　9. 吊换阀箱工作安全分析表 ………………………………………………（12）
　　10. 吊换发电房工作安全分析表 …………………………………………（13）
　　11. 拆 ZJ40 钻机井架人字架工作安全分析表 ……………………………（14）
　　12. 安装液气大钳工作安全分析表 ………………………………………（15）
　　13. 安装机泵遮阳棚安全分析表 …………………………………………（16）
　　14. 安装顶驱工作安全分析表 ……………………………………………（17）
　　15. 拆卸顶驱工作安全分析表 ……………………………………………（18）
　　16. 安装封井器工作安全分析表 …………………………………………（19）
　　17. 拆卸封井器工作安全分析表 …………………………………………（20）
　　18. 检修钻井泵（换缸套）工作安全分析表 ……………………………（21）
　　19. 检修钻井泵（检查钻井泵液力端）工作安全分析表 ………………（22）
　　20. 检修钻井泵（更换空气包气囊）工作安全分析表 …………………（23）
　　21. 检修钻井泵（清洗钻井泵上水滤子）工作安全分析表 ……………（24）
　　22. 检修钻井泵（更换钻井泵中心拉杆油封）工作安全分析表 ………（24）
　　23. 钻井泵空气包气囊充气工作安全分析表 ……………………………（25）
　　24. 更换通风式离合器摩擦片、胶囊工作安全分析表 …………………（26）
　　25. 更换盘刹工作钳、安全钳工作安全分析表 …………………………（27）

26. 钻进过程中更换水龙带工作安全分析表 ……………………………… (28)
27. 更换水龙头工作安全分析表 …………………………………………… (29)
28. 换冲管工作安全分析表 ………………………………………………… (30)
29. 更换整体传动箱皮带工作安全分析表 ………………………………… (31)
30. 起升井架工作安全分析表 ……………………………………………… (32)
31. 电焊工作安全分析表 …………………………………………………… (33)
32. 乙炔气焊工作安全分析表 ……………………………………………… (34)
33. 从配电箱接临时用电设备工作安全分析表 …………………………… (35)
34. 倒钻具工作安全分析表 ………………………………………………… (36)
35. 钻鼠洞工作安全分析表 ………………………………………………… (37)
36. 二层台工作安全分析表 ………………………………………………… (38)
37. 气动绞车下套管工作安全分析表 ……………………………………… (39)
38. 封井器试压工作安全分析表 …………………………………………… (40)
39. 更换防喷器闸板芯子工作安全分析表 ………………………………… (40)
40. 清掏罐工作安全分析表 ………………………………………………… (42)
41. 更换大绳工作安全分析表 ……………………………………………… (43)
42. 更换井架灯工作安全分析表 …………………………………………… (44)
43. 单点测斜仪测斜工作安全分析表 ……………………………………… (45)
44. 放喷点火（人工点火）工作安全分析表 ……………………………… (46)
45. 下油管工作安全分析表 ………………………………………………… (47)
46. 装采油树工作安全分析表 ……………………………………………… (48)
47. 倒出钻铤工作安全分析表 ……………………………………………… (49)
48. 倒出方钻杆工作安全分析表 …………………………………………… (49)
49. 放井架工作安全分析表 ………………………………………………… (50)
50. 材料卸车工作安全分析表 ……………………………………………… (52)
51. 加钻井液材料工作安全分析表 ………………………………………… (52)
52. 使用便携式滚子炉工作安全分析表 …………………………………… (53)
53. 使用高温高压滤失仪工作安全分析表 ………………………………… (54)
54. 气体钻井起下钻拆装旋转控制头工作安全分析表 …………………… (54)
55. 安装 9⅝in 排砂管线工作安全分析表 ………………………………… (55)
56. 欠平衡作业更换井口旋转防喷器工作安全分析表 …………………… (56)
57. 欠平衡作业精细控压钻进工作安全分析表 …………………………… (57)
58. 在立管上安装脉冲信号接收器工作安全分析表 ……………………… (58)
59. 在立管上拆卸脉冲信号接收器工作安全分析表 ……………………… (59)
60. 在二层台以上安装天滑轮工作安全分析表 …………………………… (59)
61. 拆卸二层台以上天滑轮工作安全分析表 ……………………………… (60)
62. 安装地滑轮工作安全分析表 …………………………………………… (61)

63. 钻具内安装 MWD 仪器工作安全分析表 …………………………………… (62)
64. 钻具内取出 MWD 仪器工作安全分析表 …………………………………… (63)

二、试油(气)专业 ………………………………………………………………… (64)
65. 压裂酸化液罐、砂罐、酸罐吊装作业工作安全分析表 …………………… (64)
66. 压裂酸化工作液配制前电路连接作业工作安全分析表 …………………… (65)
67. 压裂酸化工作液配制转水作业工作安全分析表 …………………………… (65)
68. 压裂酸化工作液配制罐群连接作业工作安全分析表 ……………………… (66)
69. 压裂酸化工作液配制连接配液系统作业工作安全分析表 ………………… (67)
70. 压裂酸化压裂液配制作业工作安全分析表 ………………………………… (67)
71. 压裂酸化酸液配制作业工作安全分析表 …………………………………… (68)
72. 压裂酸化安装砂罐刀闸作业工作安全分析表 ……………………………… (69)
73. 压裂酸化高低压管汇连接作业工作安全分析表 …………………………… (70)
74. 酸化施工工作安全分析表 …………………………………………………… (71)
75. 二氧化碳泡沫压裂工作安全分析表 ………………………………………… (72)
76. 连续油管设备安装(拆卸)吊装作业工作安全分析表 ……………………… (73)
77. 连续油管工具房吊装作业工作安全分析表 ………………………………… (74)
78. 连续油管设备井口试压作业工作安全分析表 ……………………………… (75)
79. 连续油管施工作业工作安全分析表 ………………………………………… (76)
80. 机械加工设备焊接作业工作安全分析表 …………………………………… (77)
81. 油田化学 RS6000 流变仪操作工作安全分析表 …………………………… (78)
82. 油田化学电动搅拌器操作工作安全分析表 ………………………………… (78)
83. 油田化学离心机操作工作安全分析表 ……………………………………… (79)
84. 加砂压裂现场液体检测作业工作安全分析表 ……………………………… (80)
85. 油田化学实验室酸液配制作业工作安全分析表 …………………………… (81)
86. 连续油管冲砂工作安全分析表 ……………………………………………… (82)
87. 完井后更换针(闸)阀工作安全分析表 ……………………………………… (83)
88. 卸油管工作安全分析表 ……………………………………………………… (84)
89. 带压起井内大直径钻具工作安全分析表 …………………………………… (85)
90. 作业机配合带压装置下油管工作安全分析表 ……………………………… (86)
91. 洗井、试压工作安全分析表 ………………………………………………… (86)
92. 替油压井工作安全分析表 …………………………………………………… (87)
93. 打电缆桥塞工作安全分析表 ………………………………………………… (88)
94. 处理封隔器卡钻工作安全分析表 …………………………………………… (88)
95. 带压拆采气树工作安全分析表 ……………………………………………… (89)
96. 电缆传输高能气体爆燃压裂工作安全分析表 ……………………………… (90)
97. 地面测试工作安全分析表 …………………………………………………… (91)
98. 试采作业工作安全分析表 …………………………………………………… (92)

99. 吊车移 BJ–18/50 型井架工作安全分析表 (93)
100. 井控装置车间试压工作安全分析表 (94)
101. 吊车配合下潜水泵工作安全分析表 (95)
102. 安装 XJ550 型修井机钻台（折叠式）工作安全分析表 (96)
103. 小件落物打捞工作安全分析表 (97)
104. 配合射孔工作安全分析表 (98)
105. 发动机试车工作安全分析表 (98)
106. 吊主压车水箱工作安全分析表 (99)
107. 水平井油管传输加压射孔工作安全分析表 (100)
108. 现场更换通井机气囊工作安全分析表 (101)
109. 配合水平井测三样作业工作安全分析表 (102)
110. 维修大罐工作安全分析表 (103)
111. $100m^3$ 储液罐安装工作安全分析表 (104)
112. 往通井机倒抽汲绳工作安全分析表 (105)
113. 现场制氮（液氮助排）工作安全分析表 (106)
114. 安装液压防喷器工作安全分析表 (107)
115. 带压下油管工作安全分析表 (108)
116. 设备试压工作安全分析表 (109)
117. 下完井工具作业工作安全分析表 (110)
118. 井筒返排液环保处理工作安全分析表 (111)
119. 地面安装试井防喷管工作安全分析表 (112)
120. 装卸气田水工作安全分析表 (113)
121. 单井开井工作安全分析表 (114)
122. 压缩机启机工作安全分析表 (115)
123. 气举工作安全分析表 (115)

三、物探专业 (117)
124. 测量工序工作安全分析表 (117)
125. 钻井工序工作安全分析表 (118)
126. 镶焊作业工作安全分析表 (119)
127. 下药工序工作安全分析表 (120)
128. 爆破作业工序工作安全分析表 (121)
129. 采集作业工序工作安全分析表 (122)
130. 过煤矿区域采集作业工作安全分析表 (123)
131. 过陡岩搬迁作业工作安全分析表 (124)
132. 过水域作业工作安全分析表 (125)
133. 夜间行车工作安全分析表 (126)

四、固井专业 (127)

- 134. 水泥车平台更换柱塞泵柱塞工作安全分析表 (127)
- 135. 井口工具安装工作安全分析表 (128)
- 136. 水泥罐车清罐作业工作安全分析表 (128)
- 137. 检修称重罐工作安全分析表 (129)
- 138. 吊装14m钻探胶管工作安全分析表 (130)
- 139. 清理除尘罐工作安全分析表 (130)
- 140. 高压胶管检测工作安全分析表 (131)
- 141. 吊装配液罐工作安全分析表 (132)
- 142. 焊接橇装罐搅拌器工作安全分析表 (132)
- 143. 安装机床工作安全分析表 (133)
- 144. 压风机维护保养工作安全分析表 (134)
- 145. 桥吊吊放管材作业工作安全分析表 (134)
- 146. 潜水泵供水作业工作安全分析表 (135)
- 147. 检修水井作业工作安全分析表 (136)
- 148. 检查工房行吊轨道螺栓工作安全分析表 (136)
- 149. 焊接库房货架工作安全分析表 (137)
- 150. 吊装$25m^3$立式下水泥罐工作安全分析表 (138)
- 151. 装、混水泥作业工作安全分析表 (139)
- 152. 吊装水泥头、高压管汇架作业工作安全分析表 (140)
- 153. 现场取水泥作业工作安全分析表 (141)
- 154. 挤水泥工作安全分析表 (141)
- 155. 水泥浆稠化试验工作安全分析表 (142)
- 156. 工作液配制作业工作安全分析表 (143)

五、测录井专业 (143)

- 157. 高温高压试验工作安全分析表 (143)
- 158. 行车吊装作业工作安全分析表 (145)
- 159. 压制射孔弹工作安全分析表 (146)
- 160. 现场吊装井口防喷装置工作安全分析表 (147)
- 161. 井口无钻井平台传输测井工作安全分析表 (148)
- 162. 专用测井方瓦装车工作安全分析表 (149)
- 163. 安装出口流量传感器工作安全分析表 (150)
- 164. 吊装仪器房(地质房)工作安全分析表 (150)
- 165. 安装仪器房主电源线工作安全分析表 (151)
- 166. 安装大饼式扭矩传感器工作安全分析表 (152)
- 167. 安装立(套)压传感器工作安全分析表 (153)

168. 放喷测试上压取样工作安全分析表 …………………………………………… (154)
169. 更换脱气器电动机工作安全分析表 …………………………………………… (154)
170. 排污口地层水现场取样分析工作安全分析表 ………………………………… (155)
171. 仪器房高空线缆架设工作安全分析表 ………………………………………… (156)
172. 泡排(解堵)作业工作安全分析表 ……………………………………………… (157)
173. 罗氏泡沫高度测试工作安全分析表 …………………………………………… (158)
174. 现场天然气的采集与 H_2S 测定工作安全分析表 …………………………… (159)
175. 岩心洗油工作安全分析表 ……………………………………………………… (160)
176. 综合录井仪制造色谱单元上架安装工作安全分析表 ………………………… (161)
177. 钢丝试井工作安全分析表 ……………………………………………………… (162)

六、地面建设专业 ……………………………………………………………………… (164)
178. 布管工作安全分析表 …………………………………………………………… (164)
179. 管道焊接工作安全分析表 ……………………………………………………… (164)
180. 基坑开挖、支护工作安全分析表 ……………………………………………… (165)
181. 桩基施工工作安全分析表 ……………………………………………………… (166)
182. 钢筋运输、预制、安装工作安全分析表 ……………………………………… (168)
183. 混凝土搅拌、输送、浇筑工作安全分析表 …………………………………… (169)
184. 砌筑工程工作安全分析表 ……………………………………………………… (170)
185. 脚手架搭设、使用、拆除工作安全分析表 …………………………………… (171)
186. 焚烧炉鼓风机安装工作安全分析表 …………………………………………… (172)
187. 储罐制造安装工作安全分析表 ………………………………………………… (172)
188. 地基与基础工程土方作业工作安全分析表 …………………………………… (174)
189. 地基与基础工程地基处理作业工作安全分析表 ……………………………… (174)
190. 地基与基础工程人工挖孔桩作业工作安全分析表 …………………………… (175)
191. 地基与基础工程混凝土基础作业工作安全分析表 …………………………… (176)
192. 主体结构工程钢结构作业工作安全分析表 …………………………………… (177)
193. 装饰装修工程地面作业工作安全分析表 ……………………………………… (178)
194. 装饰装修工程抹灰作业工作安全分析表 ……………………………………… (179)
195. 屋面工程刚性防水屋面作业工作安全分析表 ………………………………… (180)
196. 屋面工程卷材防水屋面作业工作安全分析表 ………………………………… (181)
197. 室内给水系统安装作业工作安全分析表 ……………………………………… (182)
198. 室内排水系统安装作业工作安全分析表 ……………………………………… (183)
199. 卫生器具安装作业工作安全分析表 …………………………………………… (184)
200. 室外给水管网作业工作安全分析表 …………………………………………… (184)
201. 室外排水管网作业工作安全分析表 …………………………………………… (185)
202. 井场挡土墙作业工作安全分析表 ……………………………………………… (186)

203. 井场场基、场面作业工作安全分析表 …………………………………………… (187)
204. 井架基础作业工作安全分析表 ………………………………………………… (188)
205. 其他设备基础作业工作安全分析表 …………………………………………… (189)
206. 废液处理池作业工作安全分析表 ……………………………………………… (190)
207. 公路路基、路面作业工作安全分析表 ………………………………………… (191)
208. 桥涵作业工作安全分析表 ……………………………………………………… (191)
209. 公路挡土墙作业工作安全分析表 ……………………………………………… (193)
210. X 射线探伤作业工作安全分析表 ……………………………………………… (194)
211. γ 射线探伤作业工作安全分析表 ……………………………………………… (195)
212. 磁粉探伤作业工作安全分析表 ………………………………………………… (196)
213. 爬行器探伤作业工作安全分析表 ……………………………………………… (197)

七、后勤车间 ………………………………………………………………………………… (198)
214. 防喷器承压起下钻试验工作安全分析表 ……………………………………… (198)
215. 行车吊装物品工作安全分析表 ………………………………………………… (199)
216. 防喷器高低温试验工作安全分析表 …………………………………………… (200)
217. 内防喷工具试验工作安全分析表 ……………………………………………… (202)
218. 气密封试验工作安全分析表 …………………………………………………… (203)
219. 场站完整性评价工作安全分析表 ……………………………………………… (204)
220. 站外在用油气管线检测工作安全分析表 ……………………………………… (205)
221. 安全阀校验工作安全分析表 …………………………………………………… (207)
222. 压力容器检验工作安全分析表 ………………………………………………… (208)
223. 声发射检测工作安全分析表 …………………………………………………… (209)
224. 有毒有害气体报警器检定工作安全分析表 …………………………………… (210)
225. 空气呼吸器检测工作安全分析表 ……………………………………………… (211)
226. 高温高压滤失量测定工作安全分析表 ………………………………………… (212)
227. 泥饼黏附系数测定工作安全分析表 …………………………………………… (213)
228. 现场抽样工作安全分析表 ……………………………………………………… (214)
229. 钻井液样品库房管理工作安全分析表 ………………………………………… (215)
230. 药品保管工作安全分析表 ……………………………………………………… (216)

第一部分　工作安全分析管理规范

一、管理职责

1. 安全环保部门是工作安全分析的归口管理部门，负责编制培训课件，指导各单位开展工作安全分析活动。
2. 各单位负责组织本单位工作安全分析，建立工作安全分析汇编，督促落实危害控制措施。
3. 各基层单位负责开展生产过程中的工作安全分析，落实危害控制措施。
4. 安全监督机构负责对监督范围内的工作安全分析开展情况进行监督。
5. 安全监督、现场安全员对工作安全分析执行情况进行对照、提醒、补充和确认。

二、工作安全分析的定义与基本要求

（一）定义

工作安全分析就是将一项工作分解为若干步骤，识别每个步骤的危害因素，制定和落实危害控制措施，尽可能降低作业危害的过程。

（二）步骤

工作安全分析包括分解步骤、辨识危害、制定措施、责任到人四个步骤。

（三）记录

工作安全分析实施情况填写《_____工作安全分析表》（见附件）。

（四）适用范围

1. 所有作业前都应召开"作业前安全会"，开展工作安全分析。
2. 凡有交接连续作业的工作，接班前，必须根据当班任务进行工作安全分析。
3. 对《工作安全分析汇编》中已包含的作业，由作业负责人组织学习《工作安全分析汇编》中的标准版，并将有关危害控制措施落实到岗位和具体操作人员。
4. 没有工作安全分析标准版的作业，由作业负责人组织作业相关人员开展工作安全分析，填写《_____工作安全分析表》，将危害控制措施落实到责任人。基层单位定期将新填写的《_____工作安全分析表》报单位安全部门，安全部门组织人员审查完善后，补充到《工作安全分析汇编》中。

三、工作安全分析实施

（一）将工作任务分解为可观察到的步骤（分解步骤）

1. 按照工作的主要工序，将工作分解为可观察到的作业步骤。
2. 分解的步骤不能过于笼统或过于细节化。
3. 分解步骤一般为3～7步，最多不超过10步。

（二）在每一步中分析辨识潜在的危害因素（辨识危害）

1. 危害因素主要包括：人的因素、物的因素、环境不良和管理缺陷。

2. 辨识危害因素的四种基本方法：对照经验法、现场观察法（如 STOP 卡）、类比分析法、安全检查表法（即 SCL 法）。

3. 对每一个工作步骤，运用辨识危害的方法，找出潜在的危害因素。

（三）针对危害因素制定控制措施（制定措施）

1. 危害因素控制措施制定原则：

(1) 用更安全的方法代替现有做法。

(2) 使用专用工具。

(3) 能源隔离与控制。

(4) 清除有害物质，如通风、清洗。

(5) 设置工程设备，如设护栏、防护装置、报警装置。

(6) 配备个人防护装备，如全身式安全带。

2. 针对每一项危害因素，依据危害控制措施制定原则，至少制定一条危害控制措施。重大危害可视情况制定多条危害控制措施。

（四）将控制措施分配到岗位（责任到人）

1. 在"作业前安全会"上，由作业负责人组织进行工作安全分析，或组织学习与当班工作相关的工作安全分析标准版，将危害控制措施分配到岗位和具体操作人员。

2. 安全监督或现场安全员持《工作安全分析汇编》进行对照确认，结合当班工作实际进行必要的提醒、补充，并在《_____工作安全分析表》或班前会记录上签字认可。

四、其他要求

1. 各单位负责本单位各专业《工作安全分析汇编》编制。公司对钻井、井下试修等主体专业工作安全分析标准版进行整合汇编，其他专业由各单位自行汇编。各专业《工作安全分析汇编》定稿后应予以发布，报安全环保节能处备案，并印发给基层队、安全监督、专兼职安全员及相关管理人员。

2. 当工作条件发生变化时，应重新进行工作安全分析。

3. 当出现不可控制的危害时，应停止作业，逐级汇报，由上级部门或单位研究解决。

4. 对作业前不按规定开展工作安全分析或学习工作安全分析标准版的，应按照公司《安全生产违章行为管理办法》，对作业负责人、安全监督或现场安全员进行处罚。

附件：

_____工作安全分析表

日期：××××年××月××日　　　　　　　　　　　　　　　　　　　　　　　　　编号：×××

单位		工作任务简述		
作业负责人		作业人员		
序号	工作步骤	危害描述	危害控制措施	需要的特种作业人员资质	责任人（岗位）

保存单位：×××　　　　安全监督/现场安全员（签名）：××××　　　　保存期限：3年

第二部分 常见作业工作安全分析汇编

一、钻井专业

1. 吊装绞车工作安全分析表

单位					编号:JSA－ZJ001
作业负责人					吊装操作证、指挥证
	工作任务简述			吊装绞车	
序号	工作步骤	作业人员	危害描述	危害控制措施	需要的特种作业人员资质	责任人(岗位)
1	吊车就位		(1)作业半径过大吊车倾覆; (2)吊车就位途中伤人或撞击设备	(1)使用50t吊车进行吊装作业; (2)现场勘查并平整吊车打脚点,吊车紧靠水柜正前方就位,打脚; (3)起重作业半径控制在5～5.5m以内(吊车旋转中心与吊车重心距离); (4)吊车前后两侧支腿全伸,打出第5支腿,用枕木垫平,枕木面积应大于支腿面积的3倍; (5)专人指挥吊车到达作业位置	吊装操作证、司索证、指挥证	(1)指挥人员; (2)吊车驾驶员; (3)作业人员
2	起吊,绞车就位		(1)钢丝绳拉断,绞车坠落伤人; (2)钢丝绳预伤护罩; (3)绞车摆动伤人,损坏装置设备	(1)选择4根φ32mm钢丝绳,系于固定吊耳上,使用前检查吊绳,吊具情况,对角系好牵引绳; (2)起吊前请人员扶正钢丝绳,待钢丝绳绷紧后,撤离到安全位置; (3)专人指挥,发出起吊信号后,人员离开吊臂旋转范围,使用牵引绳将绞车就位; (4)当绞车距水柜面20cm后方可手扶对正就位,人员站位时,手脚不得位于绞车安装基础面下		(1)指挥人员; (2)作业人员
3	固定绞车		(1)绞车未找正; (2)水柜面不平	(1)按水柜面上的定位块及螺栓连接孔,校正绞车位置; (2)如绞车底座与水柜面之间有间隙时,应用垫片调平后方可紧固连接螺栓,搭扣螺栓		(1)指挥人员; (2)作业人员
4	安装万向轴		(1)万向轴滑落伤人; (2)安装时人员坠落	(1)万向轴的吊绳应用采用万向轴,以防万向轴从吊绳中滑落; (2)用引绳控制万向轴方向; (3)安装人员系好安全带		(1)指挥人员; (2)作业人员

2. 吊装转盘及传动装置工作安全分析表

编号：JSA-ZJ002

单位	吊装转盘及传动装置			吊装操作证、司索证、指挥证
作业负责人	工作任务简述		需要的特种作业人员资质	责任人(岗位)
序号	工作步骤	作业人员 危害描述	危害控制措施	
1	吊车摆放、就位	作业人员 摆动伤人、碰坏设备；(1)作业半径经过大吊车倾覆；(2)吊车就位途中伤人或撞击设备	(1)使用50t吊车进行吊装作业，吊车在右侧打脚，作业半径控制在7m以内；(2)作业前检查并平整吊车腿全伸，打出第5支腿，专人指挥车辆移动，移动前鸣喇叭示意；(3)吊车前后两侧支腿全伸，打出第5支腿，支吊车斤顶时，两人配合同步作业；选择地基结实的地面，用枕木垫平垫稳，防止斤顶下陷受力下陷；(4)专人指挥吊车到达作业位置	(1)指挥人员；(2)吊车驾驶员
2	吊装转盘大梁	(1)摆动伤人、碰坏设备；(2)安装时从钻台坠落；(3)落物伤人	(1)起重钢丝绳系于固定吊点上，两端系好牵引绳，控制转盘大梁就位；(2)临边作业安装人员系好安全带；(3)联接销、椰头系好保险绳，防止落物伤人	(1)指挥人员；(2)作业人员；(3)司索工
3	吊装转盘就位	(1)吊点选择不正确，转盘滑脱；(2)摆动伤人、碰坏设备；(3)未安装牢固	(1)使用专用螺栓穿过转盘底部吊孔，用4根20mm钢丝绳起吊；(2)对角系好牵引绳，控制转盘大梁就位，严禁作业下方站人或上下交叉作业；(3)紧固顶丝(共8颗)	(1)指挥人员；(2)吊车驾驶员；(3)内外钳工
4	吊装传动装置	(1)作业半径经过大吊车倾覆；(2)钢丝绳损伤传动装置护罩；(3)摆动伤人、碰坏设备；(4)未安装牢固；(5)安装时人员从钻台坠落	(1)吊车在右侧打脚，作业半径控制在7m以内；(2)起吊前司索人员扶正钢丝绳，待钢丝绳绷紧后，撤离安全位置；(3)起重钢丝绳系于固定吊点上，两端系好牵引绳，控制转盘大梁就位；(4)按照传动梁上的限位块对位找正，紧固搭扣螺栓；(5)安装人员系好安全带	(1)指挥人员；(2)吊车驾驶员；(3)内外钳工
5	安装万向轴	万向轴打滑，落物伤人	使用12.5mm钢丝绳穿过万向轴十字头，将万向轴平衡就位，紧固两端法兰螺栓	内外钳工
6	安装控制气路	气路接错	(1)清洁管线标识，按标识安装；(2)安装完后测试气路，确认正确后，方可输入动力	钻台大班

3. 吊装钻井泵（皮带轮）工作安全分析表

编号:JSA-ZJ003

单位		工作任务简述		钻井泵（皮带轮）吊装		
作业负责人		作业人员			需要的特种作业人员资质	吊装操作证、司索证、指挥证
序号	工作步骤	危害描述	危害控制措施			责任人（岗位）
1	吊车、运输车就位	(1)倒车时碰撞设备和伤人； (2)作业半径过大吊车倾覆	(1)倒车时专人指挥吊车就位，人员站至安全位置； (2)作业前检查并平整吊车打脚点，机房等水泥基础作为打脚点； (3)起重作业半径控制在5~5.5m以内（吊车旋转中心与泵重心距离）； (4)吊车前后两侧支腿全伸，打出第5支腿，用枕木垫平，枕木面积应大于支腿面积的3倍			(1)指挥人员； (2)吊车驾驶员； (3)作业人员
2	起吊、泵就位	(1)钢丝绳拉断，泵坠落伤人； (2)下放过程中泵挤压伤人	(1)选择4根φ32mm钢丝绳，使用前检查断丝情况，钢丝绳挂于钻井泵标准吊耳上，对角系好牵引绳； (2)吊车发出起吊信号后，人员离开吊臂旋转范围，使用牵引绳将泵就位； (3)当泵距地面20cm后方可手扶对正基准线放置，人员站位时脚不得位于安装基础面			(1)指挥人员； (2)吊车驾驶员； (3)钻台大班； (4)内外钳工
3	安装传动装置	(1)人员滑跌； (2)上紧V带时夹伤手； (3)千斤顶打滑伤人； (4)转动液力端时管钳打滑； (5)带轮端面未校准； (6)皮带松紧度不符合要求	(1)在动力端皮带轮处搭设工作平台以便安装V带，下方专人递送，配合安装； (2)安装人员手应放好V带两侧或上方，使用撬杠时角度应小于子45°，不得正对把手站立； (3)千斤顶两端垫好枕木防滑，转动时人员不得位于撬杠站立； (4)管钳卡牢、卡正，转动时人员不得位于撬杠站立； (5)通过顶杠调节钻井泵位置，调节带轮中点位置使两带轮端面在同一平面； (6)松紧度标准：两传动带轮中点位置施加10kg垂力，传动带下垂不超过10mm			(1)钻台大班； (2)内外钳工； (3)井架工
4	安装护罩	人员滑跌	严禁站于护罩上取放吊装钢丝绳			内外钳工

4. 吊装机械锚头工作安全分析表

编号:JSA-ZJ004

吊装机械锚头

单位				工作任务简述	需要的特种作业人员资质	吊装操作证、司索证、指挥证
作业负责人				作业人员		责任人(岗位)
序号	工作步骤	危害描述	危害控制措施			
1	吊车就位，打脚	(1) 倒车时可能碰坏设备、伤人； (2) 作业半径经过大吊车倾覆设备损坏； (3) 地面下陷，支腿无法全伸	(1) 使用50t吊车，选择钻台左侧打脚，指定专人指挥倒车； (2) 吊车旋转中心离机锚头重心距离(超重作业)控制在8m内； (3) 移除打脚范围内的障碍物，用碎石平整地面，垫大于支腿伸出3倍的枕木，支腿伸出时，人员不要正对支腿伸出的方向站位；选择地基结实的地面，用枕木垫平垫稳，防止千斤顶受力下陷		(1) 指挥人员； (2) 吊车驾驶员； (3) 作业人员
2	准备吊索、吊具	(1) 吊索尺寸选择不当，可能因超载拉断吊索； (2) 钢丝绳有打节、断丝等缺陷	(1) 选用22mm的钢丝绳吊索(机锚头重量7t，4根22mm钢丝绳成45°角时吊重能力14t)； (2) 检查吊索是否存在缺陷，发现缺陷及时更换		司索人员
3	司索捆绑与试吊	钻台无防护栏杆，作业人员有临边坠落的危险	(1) 拆卸栏杆时，尽可能地保留栏杆； (2) 在已拆掉栏杆的地方设置临时性警戒带； (3) 作业人员穿好全身式安全带，固定尾绳的锚固点距边沿的距离不小于1.5m		作业人员
4	起吊，移动吊物	(1) 起吊时钢丝绳吊索滑脱； (2) 旋转半径内人员被吊物碰撞	(1) 操作人员扶好吊索，指挥人员指挥吊车轻吊钩、吊耳； (2) 吊车在起吊前鸣笛，所有作业人员站于旋转半径外		(1) 指挥人员； (2) 吊车驾驶员； (3) 作业人员
5	放置吊物	(1) 吊物摆动伤人，且不便就位； (2) 人员被吊物撞击、砸伤	(1) 从对角方向使用牵引绳控制物体摆动，并就位； (2) 作业人员避开吊物运动方向和吊物放置位置站位		作业人员

5. 吊装并车传动装置工作安全分析表

编号:JSA-ZJ005

单位					
作业负责人				吊装并车传动装置	
序号	工作步骤	工作任务简述		需要的特种作业人员资质	责任人(岗位)
		作业人员危害描述	危害控制措施	吊车操作证、司索证、指挥证	
1	吊车就位	(1)倒车时可能碰坏设备、伤人；(2)作业半径过大吊车倾覆；(3)吊车配重碰撞绞车	(1)使用50t吊车进行吊装作业,指定专人指挥吊车;(2)选择在机房1#、2#车基础上打脚,起重作业半径控制在5~5.5m以内(吊车旋转中心与传动箱中心距离);(3)移除打脚范围内的障碍物,用碎石平整地面,垫大于支腿3倍的垫木,支腿伸出的方向站立时,人员不要正对支腿伸出的方向,选择地基结实的地面,用枕木垫平垫稳,防止千斤顶受力下陷;(4)吊车配重与水柜保持适当距离,防止碰撞绞车		(1)指挥人员;(2)吊车驾驶员;(3)作业人员
2	起吊传动箱就位	(1)钢丝绳拉断,并车传动装置坠落伤人;(2)穿联接销顺序不正确致安装困难	(1)选择4根φ32mm钢丝绳,使用前检查断丝情况,钢丝绳挂于传动箱标准吊耳上,对角系好牵引绳;(2)吊车发出起吊信号后,人员离开吊臂旋转范围,使用牵引绳将传动箱就位;(3)当传动箱距地面20cm后方可手扶对正水柜销孔,人员站位时脚不得位于传动箱下方,或传动箱与水柜之间的空隙内;(4)穿联接销联接时,应先穿上方联接销再穿下方		(1)指挥人员;(2)吊车驾驶员;(3)机房大班;(4)作业人员
3	安装悬臂吊	(1)滑轮未固定导致重心不稳;(2)起吊时重心不稳;(3)人员高处坠落;(4)人员在车臂处受悬臂摆动伤害	(1)起吊前固定好悬臂滑轮,防止滑动;(2)找准重心,起准钢丝绳套于吊梁顶套上,防止吊臂摆动;(3)使用牵引绳控制悬臂就位,就位后人员扶正,并穿好固定螺栓;(4)取完起重钢丝绳后方可人员穿好安全带;(5)人员站位应对应于开阔处		(1)指挥人员;(2)吊车驾驶员;(3)机房大班;(4)作业人员
4	安装爬坡链条	(1)安装时人员滑跌;(2)人工拉链条时,手指挤压伤害	(1)搭好专用工作平台;(2)用手钩子拉链条;(3)使用悬臂吊和手动葫芦挂好链条两端,使用接链器安装链条销子;(4)紧固链条箱与绞车联接螺栓		(1)机房大班;(2)作业人员

6. 套管卸车及摆放工作安全分析表

编号：JSA-ZJ006

单位					
作业负责人					
	工作任务简述	套管卸车及摆放			
序号	工作步骤	危害描述	危害控制措施	需要的特种作业人员资质	责任人（岗位）
		作业人员			吊装操作证，司索证，指挥证
1	吊车就位打脚	(1) 地面下沉； (2) 运输车倒车时碰撞人和设备	(1) 吊车支腿全伸，打好地耙和垫木，调平吊车； (2) 专人指挥运输车倒车就位，人员不要站在运输车倒车方向		(1) 指挥人员； (2) 吊车驾驶员； (3) 作业人员
2	吊套管	(1) 套管打滑，落物伤人； (2) 套管挤伤碰伤运输车上作业人员	(1) 选择两根18.5mm钢丝绳吊索起吊套管，一次吊13～15根，吊点选择在距套管两端2m处，正确连接卸扣； (2) 挂好吊索和牵引绳后，运输车上人员下到地面； (3) 试吊，起吊时吊车司机鸣笛，运输车、作业人员站到吊臂旋转半径外		(1) 指挥人员； (2) 吊车驾驶员； (3) 作业人员
3	下放套管	(1) 套管摆动伤人； (2) 管排架下陷； (3) 套管滑下管排架伤人	(1) 两人对角用牵引绳控制套管就位，注意控制绳长度，人站于吊臂旋转半径外； (2) 提前排列好管排架，并用垫木垫平； (3) 提前插好管排挡杆		(1) 指挥人员； (2) 吊车驾驶员； (3) 作业人员
4	排套管	作业人员夹伤手脚	(1) 人员站于管排架两侧，禁止在套管上行走； (2) 用三角木或细棕绳放于管排架上，防止套管滑动； (3) 作业人员向同侧将撬杠放入套管内挪动套管，手应放于套管表面，防止夹伤手； (4) 必要时推放人员用手专用推杆，禁止用手强行推拉； (5) 卸下护丝放入专用推内，禁止抛、扔		(1) 指挥人员； (2) 作业人员

7. 吊车下套管工作安全分析表

编号：JSA-ZJ007

单位				吊车下套管	
作业负责人			工作任务简述	需要的特种作业人员资质	吊装操作证、司索证、指挥证
序号	工作步骤	危害描述	危害控制措施		责任人（岗位）
1	摆放吊车	作业人员 (1)倒车时碰撞设备和伤人；(2)支腿伸出时碰撞作业人员	(1)倒车时专人指挥吊车就位，人员站至安全位置；(2)支腿伸出时，人员不要正对支腿伸出的方向站位；选择地基结实的地面，用枕木垫平垫稳，防止上顶受力下陷		(1)指挥人员；(2)吊车驾驶员；(3)作业人员
2	吊套管至钻台坡道	(1)套管滑落伤人；(2)挂套管吊绳时人员摔倒碰撞手脚	(1)钻台上安排1人负责指挥吊车，场地安排两人负责套管两端，挂吊索和牵引绳前检查好吊索、吊具；(2)用两根8m长的人造纤维吊索分别穿套在套管两端，内螺纹端留出3m，外螺纹端套好牵引绳留出2m，外螺纹端；(3)场地人员拉好牵引绳，站在套管旋转半径以外；(4)排套管时，用垫片防止其他套管滚动，作业人员站于套管同一侧		(1)指挥人员；(2)吊车驾驶员；(3)作业人员
3	扣吊卡	(1)吊卡摆动伤人；(2)夹伤手；(3)扣吊卡人员坠落下钻台	(1)人员站在侧面，推拉吊环；(2)手抓在安全位置，扣好以后发信号给司钻；(3)挂好大门安全链		作业人员
4	上提套管，井口对扣，套管钳上扣	(1)套管上钻台面伤人；(2)挡住司钻视线，导致误操作；(3)内径规错漏；(4)卸套管护丝时手部被砸伤；(5)套管钳摆动撞倒人	(1)司钻控制上提速度；(2)使用钻杆钩子拉扶套管；(3)井口作业人员合理站位，不得住司钻视线；(4)司钻在接到钻工明确手势后下放；(5)钻台人员卸护丝时正确站位，手不得放于护丝下端部，脚不得站于护丝下方；(6)护丝用绳子穿好，用气动绞车下吊台；(7)钳尾绳长短合适，套管钳使用完后固定在固定井架侧面		(1)司钻；(2)作业人员
5	上提套管，井口开吊卡	刹车不稳，顿飞井口吊卡	(1)提前检查好刹车系统；(2)司钻刹车稳后再吊卡		(1)司钻；(2)作业人员

— 10 —

续表

单位				
作业负责人				
序号	工作步骤	工作任务简述		吊车下套管
		作业人员		吊装操作证、司索证、指挥证
		危害描述	危害控制措施	需要的特种作业人员资质	责任人(岗位)
6	下放套管，井口换吊卡	(1)遇阻卡钻；(2)游车下砸	(1)控制套管下放速度，观察指重表；(2)悬重超过10t，使用辅助刹车；(3)吊卡座转盘以后再拔销子；(4)井口作业人员合理站位，不得挡住司钻视线		(1)司钻；(2)作业人员

8. 换装死绳固定器工作安全分析表

编号:JSA-ZJ008

单位				
作业负责人				
序号	工作步骤	工作任务简述		换装死绳固定器
		作业人员		吊装操作证、司索证、指挥证
		危害描述	危害控制措施	需要的特种作业人员资质	责任人(岗位)
1	吊车摆放	(1)车辆伤害(倒车时碰伤人员及设备)；(2)物体打击(抬千斤压板砸伤)	(1)专人指挥车辆移动，移动前鸣喇叭示意；(2)指挥人员站位醒目，信号明确；(3)支吊车千斤顶时，两人配合同步作业；(4)选择地基结实的地面，防止千斤顶受力下陷		(1)指挥人员；(2)吊车驾驶员；(3)作业人员
2	拆旧死绳固定器	物体打击(工具打滑，大绳反弹)	(1)正确选用手工具，工具拴好安全绳；(2)使用引绳，作业人员站于一侧，用力一致，防止大绳反弹伤人；(3)拆旧死绳固定器前，固定好游车大钩，抓牢防止打滑		(1)指挥人员；(2)作业人员
3	吊装新死绳固定器并安装	物体打击(榔头打击，工具打滑，工具坠落，大绳反弹)	(1)敲击扳手系好尾绳，人员不要站在榔头运行的方向；(2)作业人员佩戴护目镜，信号明确，起吊平稳，正确选择工具，使用好引绳；(3)专人指挥大绳，作业人员站于一侧，用力一致，防止大绳反弹伤人；(4)使用引绳缠绕死绳，作业人员站于上平，做好防滑动标记；(5)安装压板对正上平，两人配合同步作业		(1)指挥人员；(2)吊车驾驶员；(3)作业人员
4	收吊车	物体打击(抬千斤压板砸伤脚)	收吊车千斤压板时，两人配合同步作业		作业人员

— 11 —

9. 吊换阀箱工作安全分析表

编号：JSA-ZJ009

单位				工作任务简述	吊换阀箱		
作业负责人				作业人员		需要的特种作业人员资质	吊装操作证、司索证、指挥证
序号	工作步骤	危害描述		危害控制措施			责任人（岗位）
1	吊车摆放	（1）车辆伤害（倒车时碰伤人员及设备）； （2）物体打击（抬千斤压板碰伤）		（1）专人指挥车辆移动，移动前鸣喇叭示意； （2）指挥人员站位醒目，信号明确； （3）支吊车千斤顶时，两人配合同步作业； （4）选择地基结实的地面，防止千斤顶受力下陷			（1）指挥人员； （2）吊车驾驶员； （3）作业人员
2	拆除固定	物体打击（榔头、扳手打滑）		（1）停动力设备，上锁挂签，拆卸气管线，倒好闸门，安排专人监护； （2）作业人员佩戴好护目镜，敲击扳手拉好尾绳，人员不要站在榔头运行的方向； （3）正确选用手工具，抓牢防止打滑			作业人员
3	更换阀箱	（1）物体打击（绳索断裂、吊物跌落）； （2）挤压伤害		（1）选择合格的吊索具，确保挂吊索安全可靠； （2）设备棱角处加垫衬垫，防止割伤索具； （3）专人指挥，信号明确，使用好引绳； （4）阀箱就位时作业人员手部不得置于阀箱与泵体之间			（1）指挥人员； （2）吊车驾驶员
4	收吊车，清理现场	物体打击（抬千斤压板砸伤脚）		（1）收吊车千斤压板时，两人配合同步作业； （2）回收清点工具，防止机体内遗留工具损伤设备或伤人			（1）作业人员； （2）吊车驾驶员

10. 吊换发电房工作安全分析表

编号：JSA－ZJ010

吊换发电房

单位		工作任务简述			
作业负责人		作业人员			
序号	工作步骤	危害描述	危害控制措施	需要的特种作业人员资质	责任人（岗位）
				吊装操作证、司索证、指挥证、电工操作证	
1	吊车就位	(1)车辆伤害（倒车时碰伤人员及设备）； (2)物体打击（抬千斤压板碰伤）	(1)专人指挥车辆移动，移动前鸣喇叭示意； (2)指挥人员站位醒目，信号明确； (3)支吊车千斤顶时，两人配合同步作业； (4)选择地基结实的地面，防止干斤顶受力下陷		(1)指挥人员； (2)吊车驾驶员； (3)作业人员
2	拆除电缆线	(1)触电伤害； (2)电瓶组短路； (3)物体打击（手工具、配件掉落）	(1)停动力设备，上锁挂签； (2)线路拆除前先进行断电，放电，验电程序； (3)先拆除电瓶负极的搭接线，再拆除正极电缆； (4)选用正确合格的手工具，使用完后不得随意放置或抛下； (5)垂直空间严禁交叉作业，防部件下落伤人		作业人员
3	吊换发电机房	起重伤害（绳套挂不牢脱落伤害，引绳未栓发电房摆动伤人，吊车旋转时碰伤人员）	(1)发电机房挂绳套时手不得放在绳套内侧，指挥吊车缓慢起吊使绳套受力，挂好绳套后人员撤离至吊装半径以外； (2)吊车起吊时拉好双引绳，人员不得站在设备设施之间及吊臂下和旋转范围内； (3)吊装时专人指挥，信号明确		(1)指挥人员； (2)吊车驾驶员； (3)作业人员
4	收吊车	(1)车辆伤害（倒车时碰伤人员及设备）； (2)物体打击（抬千斤压板碰伤）	收吊车千斤压板时，两人配合同步作业		(1)机房大班； (2)作业人员

— 13 —

11. 拆 ZJ40 钻机井架人字架工作安全分析表

编号:JSA－ZJ011

单位		工作任务简述	拆ZJ40钻机井架人字架		
作业负责人				需要的特种作业人员资质	吊装操作证、司索证、指挥证、登高操作证
序号	工作步骤	危害描述	危害控制措施	作业人员	责任人(岗位)
1	吊车摆放、就位	(1)倒车时碰撞设备和伤人; (2)支腿伸出时碰撞作业人员	(1)倒车时专人指挥吊车就位,人员站至安全位置; (2)支腿伸出时,人员不要正对支腿伸出的方向站位;选择地基结实的地面,用枕木垫平垫稳,防止千斤顶受力下陷		(1)指挥人员; (2)吊车驾驶员; (3)作业人员
2	挂钢丝绳吊索	(1)人员高处坠落; (2)高处落物伤人	(1)高空作业人员挂好保险带,高挂低用固定牢靠,过人字架固定吊点,使用50t车吊住人字架圆梁时应采取跨位,禁止站立行走; (2)选用两根21.5mm钢丝绳吊索挂住人字架固定吊点	作业人员	
3	打销轴	(1)打空人员坠落; (2)铁屑飞出,销轴工具坠落伤人	(1)选择好站位和打榔头姿势,打上部销子下方不得同时作业,选用合格的钢丝绳,所用榔头系好尾绳,作业人员佩戴护目镜; (2)销轴系好保险绳,销轴快打出来时用力不可过猛,附近人员避开榔头、销轴运动方向	作业人员	
4	人字架吊离井架大腿	人字架摆动撞伤人	(1)专人指挥,挂好绳套;用双引绳控制人字架摆动,不得站于吊臂旋转半径内,站位点后方不得有阻碍物; (2)人字架直立放于前场空旷处,为翻人字架做好准备		(1)指挥人员; (2)吊车驾驶员; (3)作业人员
5	翻人字架	(1)斜拉筋兜动,翻人字架时吊车失衡; (2)钢丝绳断,落物伤人; (3)附件捆绑不牢,滑落伤人	(1)待人字架放于前场平稳后,用21.5mm钢丝绳套住人字架两侧斜拉筋,防止摆动; (2)专人指挥吊车,平稳操作,将人字架放写地上; (3)吊臂旋转半径内不得站人,专人负责警戒; (4)固定好人字架斜拉筋和附件,防止装车和运输过程中滑脱		(1)指挥人员; (2)吊车驾驶员; (3)作业人员

12. 安装液气大钳工作安全分析表

编号:JSA-012

单位					
作业负责人					
	工作任务简述		安装液气大钳		
序号	工作步骤	作业人员 危害描述	危害控制措施	需要的特种作业人员资质	责任人(岗位)
				吊装操作证、司索证、指挥证	
1	穿钢丝绳,安装手动葫芦	(1)高处坠落; (2)工具坠落伤人	(1)起升井架前安装好钻杆动力钳吊素,检查好定滑轮,并固定,不得阻起升井架; (2)操作人员戴好安全带、全身式安全带,专人向操作人员递送葫芦,作业点下方不得站人; (3)吊索与动力钳连接端用牵引绳固定在钻台面上,防止安装手动葫芦时滑脱		(1)井架工; (2)外钳工
2	液气大钳就位	(1)液气大钳坠落伤人; (2)吊液气大钳挤压伤人	(1)使用吊车,选择15.5mm钢丝绳吊素或(人造纤维吊带)吊上液气大钳吊升装置,将动力钳吊上钻台; (2)用牵引绳控制液气大钳就位,人员不得站在大钳转动范围内		(1)指挥人员; (2)吊车驾驶员
3	固定液气大钳移送气缸	挤压伤人	(1)用风动绞车吊起液气大钳移送气缸30cm,将移送气缸与尾桩相连; (2)连接销时操作人员脚下不得站移送气缸下方,穿销子时手扶住销子尾部防止夹伤手指,在未穿好承重销时不得松开牵引绳		内外钳工
4	连接气大钳吊索	钢丝绳滑脱	吊升装置与吊索连接时,使用好吊卡,并在销钮处上锁挂签		井架工
5	接液压管线	误启动伤人	在液压站、操作台启动按钮处上锁挂签		井架工
6	调平液气大钳	液气大钳不平出现打滑	(1)通气将钳子送至井口(井口应有钻杆)调节钳子高度,观察左右、上下是否平,如不平可通过转动吊升装置上螺旋杆,调节下装置的调平丝杆来调平,一般钳头上平面与转盘平面平行即可 (2)钳口缺入钻杆后,调节吊升装置与吊卡上平面保持40mm;		内外钳工

— 15 —

13. 安装机泵遮阳棚安全分析表

编号:JSA-ZJ013

安装机泵遮阳棚

单位			工作任务简述	安装机泵遮阳棚		
作业负责人			作业人员		需要的特种作业人员资质	登高操作证
序号	工作步骤		危害描述	危害控制措施		责任人（岗位）
1	插立杆		(1) 立杆固定不牢； (2) 人员坠落； (3) 吊立杆时滑脱	(1) 在护栏安装牢固后，方可进行插杆作业，每处插杆均应穿好底部固定螺栓； (2) 临边作业时系好安全带，安全带尾绳固定在离边缘1.5m内； (3) 使用吊车吊立杆时，应使用人造纤维吊带，防立杆滑脱		(1) 指挥人员； (2) 作业人员
2	安装横拉筋		人员滑跌、坠落	(1) 使用人字梯或工作平台安装横拉筋，使用梯子时应有人扶梯； (2) 当安装部位超过高度时，人员登上立杆后，应立即系好安全带，安全带尾绳固定在离边缘1.5m内； (3) 如在临边处安装横拉筋，应系好安全带，安全带尾绳固定点应牢靠，防滑，并在绳索上提和下放横拉筋		(1) 作业监护人； (2) 作业人员
3	安装三角横梁		(1) 安全带尾绳固定不牢； (2) 构件滑落伤人； (3) 起吊三角横梁时晃动过大	(1) 人员登上立杆后，应立即固定安全带尾绳，固定点应牢靠，防滑； (2) 上提和下放的构件应做到绑扎牢、绑平、绑正，不能拉猛拉； (3) 在吊运过程中构件方向要摆正、易解开； (4) 使用吊车吊三角横梁时，应使用吊带，应找准重心，防晃，防猛动		(1) 指挥人员； (2) 吊车驾驶员； (3) 作业人员
4	安装布		高处移位时，安全带尾绳未固定	人员应系双绳安全带，移位时确保一个尾绳固定牢靠		(1) 作业监护人； (2) 作业人员

14. 安装顶驱工作安全分析表

编号:JSA-ZJ014

单位		工作任务简述	安装顶驱		
作业负责人				需要的特种作业人员资质	吊装操作证、电工操作证
序号	工作步骤	危害描述	危害控制措施	需要的特种作业人员资质	责任人(岗位)
1	安装轨道	(1)起重伤害(顶驱摆动); (2)物体打击(刹把操作不当); (3)高处坠落; (4)高空落物	(1)吊车专人指挥,手势清楚,吊车司机操作平稳,使用双引绳拉向一侧; (2)司钻平稳操作刹把,缓慢上提游车; (3)系好安全带; (4)高空作业时所有工具系牢尾绳,连接轨道时人员站在井架大腿两侧		(1)指挥人员; (2)作业人员; (3)吊车驾驶员
2	顶驱上钻台	(1)起重伤害; (2)设备损坏; (3)物体打击(顶驱摆坏)	(1)检查确认钢丝绳,保证完好没有断丝; (2)指挥人员,吊车司机,刹把操作者使用对讲机传递信号; (3)吊车司机,刹把操作者步调一致,平稳缓慢操作,其他人员站在井架大腿两侧		(1)指挥人员; (2)作业人员; (3)吊车驾驶员
3	游车连顶驱	(1)高处坠落; (2)高空落物; (3)物体打击(夹伤、碰伤)	(1)系安全带,其他人员站在顶驱两侧; (2)专人指挥,刹把操作者使用缓慢下放上提游车		(1)指挥人员; (2)作业人员; (3)吊车驾驶员
4	连顶驱和轨道	物体打击(夹伤)	(1)专人指挥,平稳缓慢上提顶驱; (2)上提顶驱时禁止手放在顶驱与轨道之间		(1)指挥人员; (2)作业人员; (3)吊车驾驶员
5	接顶驱管线、电缆、吊环、水龙带	(1)物体打击(手工具坠落); (2)高处坠落	(1)上锁挂签,专人监护; (2)安装电缆时禁止人员站在顶驱和电缆线的下方; (3)手工具系牢尾绳; (4)系安全带		作业人员

— 17 —

15. 拆卸顶驱工作安全分析表

编号:JSA-ZJ015

单位					
作业负责人			工作任务简述	拆卸顶驱	
序号	工作步骤	危害描述	危害控制措施	需要的特种作业人员资质	责任人(岗位)
				吊装操作证、电工操作证	
1	卸水龙带,吊环	作业人员 (1)高处坠落(高空作业人员滑跌); (2)物体打击(手工具掉落)	(1)系牢安全带; (2)手工具系牢尾绳; (3)卸开水龙带、吊环时,用气动小绞车上提带劲,拉好引绳控制摆动		作业人员
2	拆顶驱电缆	(1)触电(误挂合闸刀); (2)高处坠落; (3)高空落物	(1)上锁挂签,专人监护; (2)系牢安全带; (3)手工具系牢尾绳; (4)拆电缆线时先固定,逐根拆卸逐根下放,禁止人员站在电缆线下方		(1)指挥人员; (2)作业人员
3	固定顶驱到导轨,分开顶驱与游车	(1)高处坠落; (2)物体打击(手工具下砸)	(1)系牢安全带; (2)手工具系牢尾绳; (3)砸销子前拴安全绳并固定		作业人员
4	顶驱装入运移架	物体打击(顶驱运移架摆动)	(1)专人指挥,运移架居中,正对顶驱; (2)检查确认钢丝绳,保证完好没有断丝; (3)平稳缓慢下放游车使顶驱进入运移架,后上提游车		作业人员
5	拆导轨反扭矩梁	(1)高空坠落; (2)高空落物(手工具、反扭矩梁下砸)	(1)系牢安全带; (2)手工具系牢尾绳; (3)卸反扭矩架时,禁止下方站人,用气动小绞车上提带劲,拉好引绳控制摆动		作业人员
6	顶驱下钻台	(1)物体打击(顶驱摆动); (2)起重伤害	(1)专人指挥; (2)指挥人员、吊车司机、刹把操作者使用对讲机传递信号; (3)吊车司机、刹把操作者步调一致,平稳缓慢操作		(1)指挥人员; (2)吊车驾驶员; (3)作业人员

16. 安装封井器工作安全分析表

编号:JSA-ZJ016

单位		工作任务简述	安装封井器		吊装操作证
作业负责人		作业人员		需要的特种作业人员资质	责任人(岗位)
序号	工作步骤	危害描述	危害控制措施		
1	清理方井	(1)方井内油污,积水导致滑跌; (2)爬梯时滑跌; (3)中毒、窒息	(1)用潜水泵抽干方井内积水,清理方井内污泥及杂物; (2)固定好方井梯子; (3)进入方井爬梯时,双手不得携带工具,方井外专人负责使用绳索递送工具; (4)进入方井前作业人员在方井外对方井内氧气、硫化氢气体浓度检测,符合安全要求时方可进入		作业人员
2	检查设备和工具	(1)钢圈及钢圈槽有损伤; (2)气动小绞车钢丝绳排列不整齐	(1)检查钢圈和钢圈槽,清洁和上油; (2)检查气动绞车排绳器、钢丝绳; (3)检查棚绳、滑轮		作业人员
3	拆掉大门坡道,依安装顺序放正井口装置	(1)操作人员挂吊索时高处坠落; (2)坡道摆动伤人	(1)挂吊索人员系好全身式安全带,尾绳选择高处挂点; (2)专人指挥,信号、手势信号畅通; (3)起吊时作业半径内人员撤离		(1)指挥人员; (2)作业人员
4	吊装封井器就位	(1)起吊时吊索、吊具断裂、滑落; (2)吊装时封井器摆动damaged伤人员; (3)下放对正过程中挤伤手; (4)进入方井爬梯时滑跌	(1)检查好吊索、吊具,钻台与吊索接触处无棱角; (2)锁定游车大钩; (3)专人指挥,使用对讲机,钻台下面人员撤离; (4)就位时用牵引绳,手扶在安全位置; (5)进入方井人员不得通过两人; (6)进入方井爬梯时,双手不得携带工具,方井外专人负责使用绳索递送工具		(1)指挥人员; (2)作业人员; (3)吊车驾驶员
5	安装封井器及附属管线	(1)上螺栓时手工具打滑伤人,或掉入方井; (2)操作人员站位不正确,工作台固定不牢,有油污; (3)操作人员未正确系挂安全带	(1)手工具本身无缺陷,使用方法正确,对角紧螺栓,打椰头与扳手人员配合好; (2)盖好井口; (3)工具用尾绳系住; (4)工作平台清洁无油污; (5)操作人员系全身式安全带,尾绳选择高处挂点		(1)指挥人员; (2)作业人员

— 19 —

17. 拆卸封井器工作安全分析表

编号:JSA-ZJ017

单位				拆卸封井器		
作业负责人			工作任务简述			吊装操作证
序号	工作步骤	作业人员	危害描述	危害控制措施	需要的特种作业人员资质	责任人(岗位)
1	清理方井		(1)方井内油污,积水导致滑跌; (2)爬梯时滑跌; (3)中毒、窒息	(1)用潜水泵油干方井内积水,清理方井污泥及杂物; (2)固定好方井梯子; (3)进入方井爬梯时,双手不得带工具,方井外专人负责用绳索递送工具; (4)进入方井前作业人员在方井内进行方井内氧气、硫化氢气体浓度检测,符合安全要求时方可进入		作业人员
2	检查设备和工具,拆掉大门坡道		(1)气动小绞车钢丝绳绕不整齐; (2)操作人员挂吊索时伤人; (3)坡道摆动伤人	(1)检查气动绞车排绳器,并将钢丝绳排列整齐; (2)挂吊索人员系全身式安全带,尾绳选择高处挂点; (3)专人指挥,起吊时作业半径内人员撤离		(1)指挥人员; (2)作业人员
3	拆卸封井器及附属管线		(1)操作人员未正确系安全带; (2)拆卸螺栓时手工具打滑断裂伤人或摔掉入方井; (3)操作人员站位不正确,临时工作台固定不牢,有油污	(1)操作人员系全身式安全带,钻台与吊索接触处无棱角; (2)工具用尾绳固定,并盖好井口; (3)手工具本身无缺陷,使用方法正确,对角紧螺栓,打榔头与打扳手人员配合好; (4)清理工作平台的油污		(1)指挥人员; (2)作业人员
4	绑吊封井器于坡道下方		(1)起吊时吊索或吊具断裂、滑落; (2)吊封井器摆动伤操作人员; (3)进入方井爬梯时滑跌	(1)检查好吊索、吊具,钻台与吊索接触处无棱角; (2)锁定游车大钩; (3)专人指挥,使用对讲机,钻台下面人员撤离; (4)就位时用牵引绳,手不在安全位置; (5)进入方井人员不得超过两人; (6)进入方井爬梯时,双手不得带工具,方井外专人负责使用绳索递送工具		(1)指挥人员; (2)作业人员; (3)吊车驾驶员

18. 检修钻井泵（换缸套）工作安全分析表

编号：JSA-ZJ018

单位		工作任务简述		检修钻井泵（换缸套）	
作业负责人				需要的特种作业人员资质	
序号	工作步骤	作业人员	危害描述	危害控制措施	责任人（岗位）
1	停泵，断开泵制气源，隔离钻井液		（1）未断开气源，误启动伤人；（2）积油、积水、钻井液造成人员滑跌	（1）关闭机房钻井泵气源旋塞阀，关闭操作台钻井泵控制阀，打开泵泄压闸门，关闭泵正循环闸门，关闭泵上水管线闸阀，闸阀处挂签；（2）测试验证断开或关闭有效后旋塞阀、闸阀，作业人员在"隔离方案"上签字；（3）清除地面油污、钻井液，作业人员集中精力	（1）指挥人员；（2）作业人员
2	取出（装入）缸套		（1）油污、钻井液等造成人员滑倒；（2）作业人员站位不当被榔头击伤，榔头滑脱打击伤人；（3）缸套滑脱砸伤人	（1）作业前清除泵上油污；（2）用榔头敲打时作业人员和附近人员避开榔头运动方向站位；（3）取出（装入）缸套时作业人员的手部不能放在缸套底部及其他可能受到挤压的位置，抬升缸套到地面时注意人员之间的配合	作业人员
3	清理现场		（1）工具遗留在阀箱内或泵体上，泵运转时飞出打击伤人，损坏设备和工具；（2）遗留的钻井液未清理干净造成人员滑倒；（3）泵运转区域内人员未撤离，导致控制气源打开启泵伤人	（1）检修现场所用的工具清洗后全部放回工具箱；（2）旧缸套放至废料堆，清理泵和现场钻井液；（3）作业负责人在解除隔离前，确认现场作业人员已全部完成且所有作业人员撤出作业现场	作业人员
4	打开气源，倒钻井液管线闸阀		（1）气源、钻井液闸阀门未开到位导致泵不能正常启动或上水不好；（2）泄压闸阀关闭不到位造成启泵时泵短路循环；（3）正循环闸门打不开造成使用该泵运转时憋泵；（4）开正循环闸门时人员站位不当造成人员受伤	（1）作业人员在"隔离方案"上签字同意解除隔离后，作业负责人按隔离的相反顺序打开气源及倒钻井液闸阀门，旋塞阀及闸阀开关到位；（2）禁止带压倒循环闸门	（1）指挥人员；（2）作业人员

19. 检修钻井泵（检查钻井泵液力端）工作安全分析表

编号：JSA-ZJ019

单位		工作任务简述	检修钻井泵（检查钻井泵液力端）		
作业负责人		作业人员		需要的特种作业人员资质	责任人（岗位）
序号	工作步骤	危害描述	危害控制措施		责任人（岗位）
1	断气路、电路、倒换闸门	机械伤人、物体打击	截断气源、电源开关，挂签上锁，专人监护		(1)指挥人员；(2)作业人员；
2	清理钻井液、杂物，打开上、排水缸盖，取出附件	(1)落物伤人、物体打击；(2)夹伤手指、飞溅伤害、碰伤；(3)滑跌、磕绊受伤	(1)泵头等高处禁放工具；不要站于使用榔头的区域；(2)注意手和手指的摆放位置，正确使用工具，劳保齐全；(3)注意站位；脚下杂物、钻井液及时清理，摆放到指定位置，防止人员磕绊		(1)指挥人员；(2)作业人员；
3	使用拉拔器更换阀座	液压伤害；物体打击	(1)检查好液压接口处，必须使用高压线；(2)不要站于有人使用榔头的区域；(3)拔上水阀时，拉拔器应固定，防止条然释放，拉拔器飞出伤人		(1)指挥人员；(2)作业人员；
4	检查配件磨损程度	夹伤手指、碰伤	(1)检查时防止手被利器划伤；(2)注意手和手指的摆放位置		作业人员
5	更换、安装	(1)落物伤人、物体打击；(2)夹伤手指、飞溅伤害、碰伤；(3)跌落	(1)泵头等高处禁放工具；不要站在有人使用榔头的区域；(2)注意手和手指的摆放位置，正确使用工具，使用榔头时戴好护目镜，劳保齐全；(3)注意站位；脚下杂物、钻井液及时清理		(1)指挥人员；(2)作业人员；
6	清理工具，倒好闸门，安装气路、电路，低压循环试运转	(1)高压刺漏、爆裂造成人员伤害；(2)设备损坏；(3)滑跌	(1)安装好气路后，人员撤离；(2)联系柴油机司机进行试挂合，观察各部位是否工作正常；(3)及时清理杂物、钻井液		(1)指挥人员；(2)作业人员；

— 22 —

20. 检修钻井泵(更换空气包气囊)工作安全分析表

编号：JSA-ZJ020

单位			检修钻井泵（更换空气包气囊）		
作业负责人		工作任务简述	更换空气包气囊	需要的特种作业人员资质	
序号	工作步骤	作业人员危害描述	危害控制措施		责任人（岗位）
1	停泵、隔离泵控制气源、泄压	(1)未断开气源，误启动伤人； (2)积油、积水、钻井液造成人员滑跌； (3)余气导致工作人员眼睛受伤	(1)关闭机房钻井泵气源旋塞阀，关闭泵正循环闸门，关闭泵上水管线闸门，关闭泵司钻台钻井泵控制操作台钻井泵控制闸门，打开泵泄压闸门，关闭泵正循环闸门，并在旋塞阀、闸阀处挂签； (2)测试验证断开或关闭有效后作业人员在"隔离方案"上签字； (3)清除地面油污，钻井液清污，作业人员集中精力； (4)观察压力表，确认空气包已经完全泄压		(1)指挥人员； (2)作业人员
2	更换空气包气囊	(1)拆压盖时作业人员被椰头击伤； (2)拆吊压盖时砸伤手； (3)取气囊时压伤手； (4)壳体内有毛刺伤气囊； (5)放入气囊时压伤手； (6)装压盖时压坏气囊； (7)滑倒、高处坠落	(1)打椰头人员和辅助人员避开椰头旋转半径站位，戴好护目镜； (2)使用旋臂吊挂住手动葫芦，慢慢提起气包盖子，放到一边； (3)用木棒从气包壳体同捅入，将气囊取出，注意人员相互配合； (4)清洗壳体并检查毛刺，如发现毛刺用抛光机磨平； (5)在空气包内上半部分涂抹一层黄油； (6)将新气囊加热软变保管好，用绳子扎紧放入壳体内，并调整气囊与壳体贴合； (7)气囊颈部密封圈推在壳体开口上，并在颈内侧涂抹一层黄油； (8)装压盖时注意气囊有无变形，上紧螺母时，扭矩为1100N·m		(1)指挥人员； (2)作业人员
3	充装空气包氮气	(1)阀门开关不正确憋爆充气软管； (2)充气压力过高引发爆炸事故	(1)旋转排气阀阀盖1/4～1/2转，泄掉表内压力，再取下排气阀阀盖； (2)检查充气软管是否完好，将软管与氮气瓶和空气包气阀连接； (3)先打开空气包充气阀，再缓慢打开氮气瓶阀门，调节流量，充装完成后先关氮气瓶阀门，再关空气包充气阀； (4)观察压力表，充装气压力为工作压力20%～30%，充压力范围2.5～6MPa		(1)指挥人员； (2)作业人员
4	清理现场工具，清除钻井液，打开气源、管线，恢复循环流程	(1)遗留工具，运转时飞出伤人、损坏设备； (2)短路循环，憋泵高压； (3)开正循环闸门时站位不当受伤	(1)检修现场所用的工具，清洗后全部放回工具箱； (2)作业负责人在倒阀前确认检修作业已完成，且所有作业人员撤离作业现场； (3)当所有作业人员在"隔离方案"上签字同意解除隔离后，再打开气源及倒换阀门； (4)禁止带压倒循环闸门		(1)指挥人员； (2)作业人员

21. 检修钻井泵（清洗钻井泵上水滤子）工作安全分析表

编号：JSA-ZJ021

检修钻井泵（清洗钻井泵上水滤子）

单位				
作业负责人	作业人员			
序号	工作步骤	危害描述	危害控制措施	需要的特种作业人员资质	责任人（岗位）
1	关循环上的水管线闸门	有可能抓不紧人闪空，伤到人，压力过猛将闸门损坏	平稳关闸门，用力均匀		(1)指挥人员；(2)作业人员
2	卸掉滤子上盖螺丝	工具打滑伤手	用符合尺寸的扳手，卡紧，卡牢平稳操作		作业人员
3	去掉上盖	取时可能有夹手碰人的伤害	用小撬杠先撬起，再将上盖取掉		作业人员
4	清理里面的杂物	清理时不用好劳保手套，杂物将手剌伤的危害	清理时戴好劳保手套，必要时使用工具清理		作业人员
5	清理完后淘水，清洗滤子，将里面的杂物清完	清洗时水刺人工作人员眼睛	戴上护目镜，不要将水嘴正对人		作业人员
6	清理完后盖上盖子	夹伤手	两人配合平稳抬上，用工具对正		作业人员

22. 检修钻井泵（更换钻井泵中心拉杆油封）工作安全分析表

编号：JSA-ZJ022

检修钻井泵（更换钻井泵中心拉杆油封）

单位				
作业负责人	作业人员			
序号	工作步骤	危害描述	危害控制措施	需要的特种作业人员资质	责任人（岗位）
1	准备工具，回水卸压，关上水阀门	(1)无人监护误操作伤人；(2)未卸压钻井液伤人	(1)上锁挂签，专人监护；(2)先卸压，关上水管闸门；(3)值班干部监督检查		(1)指挥人员；(2)作业人员

续表

单位				
作业负责人		检修钻井泵（更换钻井泵中心拉杆油封）		
序号	工作步骤	工作任务简述		责任人（岗位）
		作业人员	需要的特种作业人员资质	
		危害描述	危害控制措施	
2	拆活塞拉杆连接卡子，盘泵移位拆卸油封固定	(1) 使用工具不当伤人； (2) 盘泵用撬杆不当伤人	(1) 正确合理使用工具，防打滑； (2) 正确使用撬杆，不能正对撬杆摆动方向，严防撬杆伤自己	指挥人员
3	安装油封固定盘泵，装连接卡收拾工具	(1) 紧固时手工具使用不当伤人； (2) 脚下有工具滑倒伤人	(1) 正确使用手工具，防手打滑； (2) 操作时脚下无工具，有防滑措施	作业人员
4	低压试运转，更换完毕	人员未离开启动泵伤人	检查确定无人时方可试开泵	作业人员

23. 钻井泵空气包气囊充气工作安全分析表

编号：JSA－ZJ023

单位				
作业负责人		钻井泵空气包气囊充气		
序号	工作步骤	工作任务简述		责任人（岗位）
		作业人员	需要的特种作业人员资质	
		危害描述	危害控制措施	
1	切断钻井泵动力	机械伤害（误启动设备）	召开作业前安全会，上锁挂签，专人监护	(1) 指挥人员； (2) 作业人员
2	排放空气包压力，取下排气阀	(1) 高压气体伤害（排气不尽，气体释放对眼部）； (2) 滑跌伤害	(1) 戴好护目镜，由副司钻或司钻操作； (2) 清理人员站位处泥浆或加防滑垫	(1) 指挥人员； (2) 作业人员
3	空气包充气	物体打击（空气包管线脱落摆动，气瓶管线脱落摆动、高压气体超压伤害）	严禁站在充气阀正面	(1) 指挥人员； (2) 作业人员
4	关闭气瓶、空气包充气阀，安装排气阀	滑跌	手抓空气包螺栓，脚踩在泵头上，平稳关闭空气包阀	(1) 指挥人员； (2) 作业人员

— 25 —

24. 更换通风式离合器摩擦片、胶囊工作安全分析表

编号:JSA－ZJ024

单位		更换通风式离合器摩擦片、胶囊		
作业负责人		工作任务简述	需要的特种作业人员资质	责任人(岗位)
序号	工作步骤	作业人员		
		危害描述	危害控制措施	
1	停动力源、切断气源开关	(1) 修理时误操作启动设备伤人； (2) 传动并车牙嵌离合器空转链轮烧损或轴承损坏致使设备突然启动伤人	(1) 停止动力机、关掉进气三通旋塞阀,拆除进气线路,并挂好标签； (2) 停止传动所有动力输入	指挥人员
2	拆万向轴护罩、万向轴、梯子栏杆及离合器护罩	(1) 配合不当，护罩砸伤手、脚； (2) 护罩摆脱伤人； (3) 护罩滑脱伤脚	(1) 提前检查好悬臂吊的挡块、滑轮及手动葫芦是否完好； (2) 使用悬臂吊吊升护罩时,辅助人员脚不得站于护罩正下方； (3) 吊装护罩时不得采用在吊耳上穿撬棍作为起吊点的方法起吊	(1) 指挥人员； (2) 作业人员
3	拆(装)离合器固定销档盘	取出档盘时压伤手、砸伤脚	(1) 拆掉档盘螺栓后,用小撬杠拔松档盘； (2) 两人配合取出档盘万向轴上,操作人员脚不得站于档盘正下方	(1) 指挥人员； (2) 作业人员
4	取出(装入)离合器摩擦片	(1) 夹伤手； (2) 扭力杆未入槽,固定不牢摩擦片取出引发事故	(1) 单块取出(装入)摩擦片,双手配合,手不得放于两摩擦片之间； (2) 安装时应检查扭力杆是否入槽	(1) 指挥人员； (2) 作业人员
5	更换离合器胶囊	撬杠打滑伤人	(1) 盘动离合器于胶囊中心线后,再拆掉胶囊进气管线及并帽； (2) 两人分别站于离合器两侧用小撬杠通入胶囊进气孔向下压,使胶囊脱离摩擦毂后,再用两手取出胶囊	(1) 指挥人员； (2) 作业人员
6	恢复气路	(1) 工具留在设备内； (2) 误操作启动设备伤人	(1) 清点工具,清洗后放入工具箱； (2) 作业负责人在恢复气路前检查确认作业已完成,且作业人员撤离到安全区域	(1) 指挥人员； (2) 作业人员

25. 更换盘刹工作钳、安全钳工作安全分析表

编号：JSA-ZJ025

单位		工作任务简述	更换盘刹工作钳、安全钳		
作业负责人					
序号	工作步骤	危害描述	危害控制措施	需要的特种作业人员资质	责任人（岗位）
1	下放游车至钻台，释放悬重	(1)游车下放速度快、偏倒砸伤人； (2)误启动伤人	(1)司钻平稳操作缓慢下放，放手钻台面上，用钻台大门绷绳绷住大钩，将游车缓慢下放； (2)气动绞车操作人员配合好司钻下放游车，其他人员撤离到井架外侧； (3)固定好游车，断开司钻操作室总离合器总气源，并上锁挂签	司钻操作证	(1)指挥人员； (2)作业人员
2	拆绞车盘刹护罩	(1)护罩突然滑脱伤人； (2)人员高处坠落	(1)稳固护罩（或用白棕绳将护罩固定在绞车排绳清物上）； (2)拆掉护罩后使用气动绞车将护罩放于加菱台下，下方配合人员脚不得站于护罩正下方； (3)绞车上操作人员应系好全身式安全带，尾绳与钻台底座相连，如尾绳长度不够可使用12mm钢丝绳作为连接器		作业人员
3	更换工作钳、安全钳	(1)液缸滑脱伤人； (2)更换刹车块时夹伤手	(1)首先调紧工作钳（安全钳），然后松开安全钳（工作钳）； (2)用白棕绳固定在液缸中部，拆液缸销子用1人辅助用棕绳拉液缸，防止拆掉后滑脱； (3)尽量松开钳夹，缓慢敲掉固定销子，相互提醒配合		作业人员
4	恢复护罩和气路	工具遗留在设备上或设备内，设备运转时伤人或损坏设备	清点工具、检查设备，作业负责人确认未留下隐患后，解锁离合器控制手柄标签		作业人员

26. 钻进过程中更换水龙带工作安全分析表

编号：JSA-ZJ026

单位					
作业负责人					
工作任务简述		钻进过程中更换水龙带			
序号	工作步骤	危害描述	危害控制措施	需要的特种作业人员资质	责任人(岗位)
				登高操作证	
1	停泵、停转盘后将水龙头下放至井口	作业人员	(1)停泵前将井内钻具起至安全井段,并将井内钻井液灌满； (2)下放水龙头时拉动水龙带避免其与钻台面垂直接触鹅颈管		(1)指挥人员； (2)作业人员
2	作业人员携工具上井架	(1)高处坠落； (2)工具棒落打击伤人	(1)作业人员正确佩带全身式安全带(与防坠落装置连接或使用双索安全带)； (2)榔头、扳手等工具系好保险绳		作业人员
3	卸(装)水龙带	(1)由于卸脱后水龙带掉下打击伤人； (2)水龙带撞击作业人员伤人； (3)钻台钻井液湿滑； (4)钻台人员卸(装)活接头打击伤人	(1)设置警戒,钻台人员撤离安全位置,禁止非作业人员进入钻台； (2)拆卸(连接)水龙带前用风动绞车提住水龙带,吊索挂牢车等,精心操作气动绞车,专人指挥； (3)拆卸(连接)时作业人员避开水龙带的运动方向； (4)清理钻台钻井液及其他可能造成人员跌倒的工具、材料； (5)钻台上人员避开水龙带运动方向站位		作业人员
4	吊旧水龙带下钻台,吊新水龙带上钻台	(1)吊索断,固定不牢造成水龙带滑落； (2)风动绞车操作不当造成人员被撞击； (3)钻台坡道边扶水龙带时高处坠落	(1)检查钢丝绳和风动绞车的固定情况,确保符合起吊要求； (2)指挥人员指挥时注意观察被吊物和附近人员动态,禁止人员站在水龙带运动方向,坡道下方不得站人； (3)挂好坡道安全防护链,扶水龙带时抓牢坡道栏杆		作业人员
5	清理现场	(1)工具遗留在井架上或井口附近造成落物入井； (2)钻台遗留钻井液导致作业人员滑倒	(1)检修现场所用的工具清洗后全部放回工具箱,旧水龙带放至废料堆； (2)作业完后清除钻台和井架等处钻井液		作业人员

27. 更换水龙头工作安全分析表

编号:JSA-ZJ027

单位		工作任务简述		更换水龙头		
作业负责人		作业人员			需要的特种作业人员资质	登高操作证
序号	工作步骤	危害描述	危害控制措施			责任人(岗位)
1	卸方钻杆	物体打击(碰伤)	(1)扣合B形大钳吃紧后,人员站到井架大腿两侧; (2)操作液压猫头,密切关注压力表,防止拉断钢丝绳及钳头脱开摆动伤人			作业人员
2	绷钻杆至场地,绷水龙头至场地	物体打击(碰伤、砸伤)	(1)专人指挥,信号明确; (2)用钻杆钩子拉开大钩,禁止徒手开大钩,缓慢上提游车; (3)平稳操作刹把和气动小绞车; (4)吊索符合承重要求,拴挂牢靠,吊装作业时作业人员站于安全位置			(1)指挥人员; (2)作业人员
3	上提水龙头至井口	物体打击(绳套断裂水龙头下砸)	(1)操作时密切关注压力表,防止拉断钢丝绳及钳头脱开摆动伤人和黏扣; (2)井口人员站在井架大腿两侧,防止绳套断裂水龙头下砸伤人			(1)指挥人员; (2)作业人员
4	接方钻杆,紧扣	物体打击(碰伤)	(1)平稳刹把操作对扣; (2)扣合B形大钳吃劲后,人员站到井架大腿两侧; (3)操作时密切关注压力表,防止拉断钢丝绳及钳头脱开摆动伤人和黏扣			(1)指挥人员; (2)作业人员

28. 换冲管工作安全分析表

编号:JSA-ZJ028

单位				换冲管		
作业负责人						
序号	工作任务简述			危害控制措施	需要的特种作业人员资质	责任人(岗位)
	工作步骤	作业人员	危害描述		登高操作证	
1	停泵、停转盘后将钻具起至安全井段,水龙头下放至井口	作业人员	(1)卡钻、气层钻进井涌、井喷; (2)掉落物入井,造成井下复杂	(1)停泵前将井内钻具起至安全井段,并将井内钻井液灌满; (2)遮盖好井口; (3)禁止钻具在裸眼井段更换冲管		(1)指挥人员; (2)作业人员
2	作业人员携工具上水龙头		(1)高处坠落; (2)工具掉落打击伤人	(1)作业人员正确佩戴全身式安全带; (2)榔头、扳手等工具系好保险绳		(1)指挥人员; (2)作业人员
3	卸(装)冲管总成		(1)卸活接头时作业人员高处坠落; (2)榔头滑落打击伤人; (3)活接头卸脱后冲管总成掉下打击伤人	(1)作业人员正确佩戴带身式安全带;榔头、扳手等工具系好尾绳; (2)钻台上人员正确避开榔头运动方向站位,禁止非作业人员进入钻台; (3)取装冲管总成时吊装平稳,严禁抛、扔; (4)其他作业人员不得站在冲管总成下方,撤离至安全位置		作业人员
4	清理现场		(1)工具遗留在井架上或井口附近造成掉落伤人或落物入井; (2)钻台遗留钻井液导致作业人员滑倒	(1)检修现场所用的工具清洗后全部放回工具箱,旧水龙带放至废料堆; (2)作业完后清除钻台和井架等区域的钻井液		作业人员

29. 更换整体传动箱皮带工作安全分析表

编号：JSA-ZJ029

单位		工作任务简述		更换整体传动箱皮带		
作业负责人		作业人员			需要的特种作业人员资质	登高操作证
序号	工作步骤	危害描述	危害控制措施			责任人（岗位）
1	停车、切断气源开关	修理时误操作启动设备伤人	停止动力机，切断气源开关，拆下控制气路，并挂好标签			（1）指挥人员； （2）作业人员
2	拆（装）机房棚架	人员高处坠落	（1）登高人员系好安全带，调节尾绳长度，选择好吊点，高挂低用； （2）工具、棚架构件坠落伤人 工具尾绳与作业人员身体连接，用绳索传递构件至地面，其他人员远离棚架坠落区			作业人员
3	拆（装）吊整体传动箱皮带护罩	（1）起吊时护罩前后重心不一，翻转伤人； （2）起吊时护罩摆动伤人	（1）用两根一样长的绳子起吊，钢丝绳直径不小于15.5mm；两端挂护罩吊耳上，其余两端挂吊钩； （2）对角系好牵引绳，控制摆动，人员撤离到吊臂旋转半径外			作业人员
4	拆（装）皮带	（1）拆装顺序错误造成人员伤亡； （2）吊皮带轮时的吊索、吊点选择不正确打滑伤人； （3）拆装皮带时夹手； （4）拆（装）螺栓时加力杠打滑伤人； （5）装皮带时千斤顶顶坏皮带轮槽； （6）工具、物料落入整体传动箱内引发事故	（1）先拆松皮带轮小底座固定螺栓，再松开张紧螺栓； （2）拆卸皮带轮顺序由可移动端的末端开始拆卸；安装，校正顺序相反； （3）选择18.5mm钢丝绳挂在皮带轮中心槽内，将地脚螺栓抽人另一端皮带轮轴承架固定螺孔中，防止起吊滑动； （4）两人配合好，严禁手放在皮带与轮之间； （5）采用千斤顶顶起皮带轮走皮带轮槽的方式，皮带轮与千斤顶接触的地方必须垫木板，防止顶坏皮带轮槽； （6）及时调整扳手角度，加力杠与人站位夹角不小于45°； （7）专人清点工具、物料； （8）盘皮带轮查看有无卡阻情况			作业人员
5	恢复气路	误操作启动设备伤人	作业负责人在恢复气路前检查确认作业已完成，且作业人员撤离到安全区域			（1）指挥人员； （2）作业人员

30. 起升井架工作安全分析表

编号:JSA-ZJ030

单位			工作任务简述		起升井架		
作业负责人			作业人员			需要的特种作业人员资质	责任人(岗位)
序号	工作步骤		危害描述	危害控制措施			登高操作证,司钻操作证
1	穿大绳		(1)引绳断裂(滑脱)伤人; (2)人员坠落	用直径6.4mm或9.5mm钢丝绳作引绳,如用皮套(接绳器)作引绳,一定要固定牢固,高空作业穿带好保险带			作业人员
2	固定死活绳头		固定螺栓未卡紧,造成大绳滑动人员坠落,高空落物伤人	固定螺栓卡平卡牢,绳头按要求间距卡紧			作业人员
3	起升井架前进行全面系统检查		人员坠落,高空落物伤人	作业前召开安全会,专人指挥,设置警戒区域,专人清理井架上的手工具和附件物,高空作业穿带好保险带,拉紧大绳,检查滑轮无阻卡,大绳无跳槽			(1)指挥人员; (2)作业人员
4	试升井架,当井架离开支架约200mm时刹车,并进行检查		(1)绳卡滑动,横拉筋变形; (2)钢丝绳断裂	(1)卡车绳卡,用红油漆打上标记,各保险销要穿齐到位; (2)专人指挥,对讲机联系,专人平稳操作,非作业人员撤离到安全区域			(1)指挥人员; (2)作业人员
5	起升井架		(1)井架大腿变形,缓冲器液缸变形; (2)大雨,大风,浓雾,大雪	(1)当井架与地面呈60°夹角时,启动缓冲装置; (2)当井架起升接近直位置时,要放慢起升速度,摘掉纹板低速离合器,当液缸活塞接头缓慢接触井架大腿时,使井架与井架人字架平稳地达到垂直位置; (3)遇恶劣天气不得进行起升井架作业			(1)指挥人员; (2)作业人员
6	井架立直后,连接人字梁与井架间的U形螺栓;将起升井架大绳挂在井架中上段侧面横梁的悬绳器上		(1)人员坠落,高空落物; (2)人员受物体打击、碰撞、挤伤	(1)高处、临边作业应该系好安全带,尾绳高挂低用;安装过程中将所用工具拴好保险绳与井架本体相接,严禁站人,非作业人员离开作业区域; (2)井架下方严禁站人,非作业人员离开作业区域; (3)正确使用工具,站位正确,起升作业专人指挥操作,操作人员相互之间密切配合,相互提醒,相互照应; (4)U形螺母端部双螺母紧固,穿齐防松动保险销			(1)指挥人员; (2)作业人员

— 32 —

31. 电焊工作安全分析表

编号:JSA-ZJ031

单位		工作任务简述		电焊	焊工证
作业负责人		作业人员		需要的特种作业人员资质	责任人(岗位)
序号	工作步骤	危害描述	危害控制措施		
1	焊接场所清理准备	易燃、可燃物质	(1) 清除焊点10m范围内易燃、易爆物质,对不能清除的进行专用隔离处理,并设置警戒线; (2) 盛装过可燃液体的容器具,先进行彻底清洗,作业时灌满清水; (3) 焊点准备2只8kg干粉灭火器		作业人员
2	接地线安装	(1) 导线绝缘层破损; (2) 未接地或接地不良	(1) 检查导线绝缘层,电焊钳绝缘层和保险丝是否完好无损; (2) 检查焊机机壳接地情况以及接线柱螺母是否松动; (3) 电机应设专用断路开关; (4) 电线通过道路时应穿入防护管中		(1) 指挥人员; (2) 作业人员
3	合闸与电流调节	带压调节电流,损毁电动机,引发短路事故	调节电流只许在空载状态下进行		作业人员
4	焊接作业	(1) 电焊线涡流发热造成绝缘层破损; (2) 电弧光伤人、焊接灼伤; (3) 工作场所潮湿易触电	(1) 多余的电焊线不得盘绕成圈,全部取下散放,防止涡流发热; (2) 作业人员戴头戴式护弧罩,电焊专用手套,工作服做到三紧; (3) 专人监护,监护人隔离护弧眼镜; (4) 在潮湿场所进行焊接作业时,应用干燥橡胶片作垫块		(1) 指挥人员; (2) 作业人员
5	工作完毕场所清理	高温和易燃物质	(1) 移动电焊机时,先断电源,不得带电拖拉焊机; (2) 作业完毕后,应先关闭焊机电源,再关电源总闸,电缆收卷到专用位置放置; (3) 检查并处理现场高温和易燃物质,15min后监护人应对现场进行再次确认		(1) 指挥人员; (2) 作业人员

32. 乙炔气焊工作安全分析表

编号:JSA-ZJ032

单位		工作任务简述	乙炔气焊		焊工操作证
作业负责人		作业人员		需要的特种作业人员资质	责任人(岗位)
序号	工作步骤	危害描述	危害控制措施		
1	动火现场清理与准备	(1)易燃、可燃物质; (2)气瓶损坏、泄漏	(1)清除焊点10m范围内易燃、易爆物质,对不能清除的进行隔离处理,并设置警戒线,准备2只8kg干粉灭火器; (2)盛装过可燃液体的容器具,先进行彻底清洗,作业时灌满清水; (3)氧气和乙炔气瓶应分别使用专用手推车搬运,严禁在地上抛、滚、拉、踢; (4)氧气和乙炔气瓶应直立放置,并固定稳妥,防止倾倒; (5)氧气和乙炔气瓶相距7m以上,距易燃易爆物、焊接与切割点10m以上		(1)指挥人员; (2)作业人员
2	安装减压器,连接软管、焊枪及附件	(1)软管损坏、泄漏; (2)回火、爆炸	(1)检查软管,老化和有裂纹的软管应及时更换; (2)软管连接必须用卡箍; (3)氧气和乙炔气瓶减压器的出口端及切割工具上都应装上各自的单向阀,以防止回火		作业人员
3	切割作业	(1)着火、爆炸; (2)油污、锈飞溅伤人; (3)焊枪塞卡; (4)点火失败、爆燃; (5)回火、爆炸	(1)操作时严禁使用蘸有油脂的工具和手套; (2)操作者应站在瓶阀气体排出方向侧面,缓慢开启阀门; (3)应事先将工作表面的锈、油污水清除干净; (4)点火前,检查焊枪的吸气性能; (5)点火时,应使用专用打火机或其他适宜的火种,火焰方向不得对着其余人员; (6)点燃的焊割炬严禁放在地面上,喷嘴不得与金属物件正面接触; (7)发生回火应立即关闭切割氧气阀门和预热氧气阀门,再关闭乙块气阀门;排除故障后,方可恢复作业; (8)切割作业时,使用好护目镜和专用手套,劳保穿戴整齐		作业人员
4	切割作业完毕	(1)高温和易燃物质; (2)焊接工具损坏引发事故	(1)将氧气乙炔气瓶分别用推车送回库房,将胶管绕好,与减压阀、焊枪放入专用工具箱内; (2)检查并处理现场高温和易燃物质,15min后监护人应对现场进行再次确认		作业人员

33. 从配电箱接临时用电设备工作安全分析表

编号:JSA－ZJ033

单位					
作业负责人					电工操作证
	工作任务简述		从配电箱接临时用电设备		
序号	工作步骤	作业人员		需要的特种作业人员资质	责任人(岗位)
		危害描述	危害控制措施		
1	核实用电设备荷及接入点功率	(1) 用电设备超容导致线路负荷过载； (2) 无漏电保护器或失灵； (3) 用电设备有缺陷	(1) 核实电源接入点是否能满足用电设备负荷； (2) 接入点必须有漏电保护器，并测试状态是否正常； (3) 检查用电设备外观是否完好，旋转部位是否有防护罩		(1) 指挥人员； (2) 作业人员
2	电缆布线	(1) 电缆线有缺陷； (2) 物体挤压破坏绝缘层导致短路导电； (3) 架空线路固定不牢； (4) 破坏绝缘层导致短路导电； (5) 架空线路故障车辆碰撞	(1) 检查电缆有无破皮磨损； (2) 横跨道路或有重物挤压危险的部位，应走架空线或加设防护套管，套管应固定在入地面以下15cm； (3) 架空线路应架设在专用电杆或支架上，严禁架空线使用金属材料捆绑线路； (4) 架空线路上不得进行接头连接，不得使用树木、脚手架及临时设施上； (5) 线路距地面不得低于2.5m，跨越道路时不低于5m； (6) 线路不得泡在水池、沟渠内		作业人员
3	接电源线	(1) 电源未切断导致触电； (2) 过载、短路、漏电导致人员触电，设备损坏	(1) 断开上级电源开关，并上锁挂签； (2) 用试电笔测试，确认接入点也完全断电； (3) 接线时必须执行"一机一闸一漏"规定，即：一个设备一个控制开关一个专用漏电保护器； (4) 用电设备必须使用一根专用PE线与配电箱接零排连接，即符合保护接零要求		作业人员
4	送电、停电操作	(1) 误启动伤人； (2) 损坏设备	(1) 送电操作顺序为：总配电箱→分配电箱→开关箱； (2) 停电操作顺序为：开关箱→分配电箱→总配电箱		(1) 指挥人员； (2) 作业人员
5	拆线	(1) 带电操作，造成人员触电； (2) 无旁人监护，有意外时无人及时救助	(1) 必须断电再拆线； (2) 拆电时必须安排有经验的人员在旁监护		(1) 指挥人员； (2) 作业人员

34. 倒钻具工作安全分析表

编号：JSA-ZJ034

单位					倒钻具	司钻操作证，登高操作证
作业负责人						责任人（岗位）
序号	工作步骤	工作任务简述	危害描述	危害控制措施	需要的特种作业人员资质	
		作业人员				
1	起空游车		(1)高处坠落； (2)物体打击（手工具坠落，吊卡坠落）； (3)顶天车（防碰系统失灵下砸）	(1)使用好防坠落装置，在二层台操作检查好差速器，系好安全带，工具拴好保险绳，操作时手势明确； (2)内外钳工挂好吊卡，司钻平稳操作，排绳整齐； (3)使用好防碰系统，勤检查，确保灵敏可靠		(1)指挥人员 (2)作业人员
2	上提钻杆立柱放入鼠洞		(1)夹手（扣合吊卡）； (2)物体打击（立柱摆动，放入鼠洞下砸）	(1)井架工提前检查兜绳，待游车停稳后，调整吊卡角度，确保吊卡扣合； (2)上提立柱时内外钳工使用钻杆钩子防立柱摆动，双脚分开扶立柱入鼠洞，看好接箍，及时提醒司钻； (3)钻具立柱上提时井架工及时取消兜绳		(1)指挥人员 (2)作业人员
3	小鼠洞卸扣		机械伤害（未扣合钳框绞、挤手）	外钳工平稳操作液气大钳并抬头观察吊卡，内钳工及时扣合钳框		作业人员
4	单根吊出鼠洞下放到坡道		(1)滑跌； (2)物体打击（单根下滑、脱落伤人）	(1)钻台铺设防滑垫，并保持清洁； (2)提丝吊钩扛紧固，自锁吊钩与提丝连接牢固，防止滑脱； (3)操作气动绞车推单根整丝，使用好刹车平稳操作； (4)内外钳工推单根时，脚下站稳防止滑跌； (5)单根下坡道时人员远离跑道		(1)指挥人员 (2)作业人员
5	钻具滚入管架		物体打击（工具反弹，堆放钻具崩塌）	(1)排钻具时使用好撬杠和钻具钩子，人员站在钻具两侧； (2)对钻具堆放区进行隔离，每层尾部捆扎防止滑动崩塌		作业人员

35. 钻鼠洞工作安全分析表

编号：JSA-ZJ035

单位			工作任务简述	钻鼠洞	
作业负责人					司钻操作证
序号	工作步骤	危害描述	危害控制措施	需要的特种作业人员资质	责任人（岗位）
1	钻鼠洞组合钻具	(1) 吊涡轮、装钻头伤害； (2) 钻具组合摆动伤人； (3) 连接涡轮、钻头时伤人	(1) 吊涡轮上钻合时有专人指挥，平稳吊上钻台，吊鼠洞管时吊绳用卸扣连接； (2) 使用风动绞车吊钻具钻合，作业人员正对钻具绑拉钢丝绳； (3) 使用 B 形大钳连接时，操作平稳，作业人员站在安全位置		(1) 指挥人员； (2) 作业人员
2	下放钻具组合至底座基础	钻具摆动伤人	专人用对讲机指挥下放钻具组合至底座基础，人员撤离到安全位置		(1) 指挥人员； (2) 作业人员
3	钻鼠洞	(1) 高压伤人； (2) 背绳断裂伤人； (3) 方钻杆反扭力伤人； (4) 方钻杆断裂伤人	(1) 检查好循环路线闸门及上下旋塞的开关状态，试合泵，观察泵压是否回零，缓慢下放钻具，严防涡轮制动； (2) 检查钢丝绳及绳环，用 7/8in 以上钢丝绳将滚子补心与气动绞车连接，气动绞车连接滑轮导向并拉紧钢丝绳； (3) 司钻未停泵释放反扭力前，人员不得靠近方钻杆卸接绳索； (4) 开泵前人员撤离到安全位置		作业人员
4	鼠洞管就位	(1) 吊索滑脱、断裂伤人； (2) 鼠洞管摆动伤人； (3) 鼠洞环空间隙大、扭伤脚	(1) 使用 7/8in 以上钢丝绳带绳环吊鼠洞管，鼠洞管在起吊前离开跑道，站在安全区域； (2) 人员不得正对鼠洞管摆动站位； (3) 鼠洞管下入后须用碎石埋好，地面涂水泥		(1) 指挥人员； (2) 作业人员

36. 二层台工作安全分析表

编号：JSA-ZJ036

单位		工作任务简述		二层台工作	
作业负责人				登高操作证	
序号	工作步骤	作业人员	危害描述	危害控制措施	需要的特种作业人员资质	责任人（岗位）
1	准备、检查		安全带、速差器等防坠落装置有缺陷，可能导致人员坠落	(1) 安排有资质人员登高作业； (2) 检查全身式安全带与防坠落装置，确认所有弹簧钩、钢丝绳、系绳处于完好状态		作业人员
2	上二层台		速差器与安全带连接不正确，攀爬动作不正确导致高空坠落	(1) 将速差器弹簧钩与安全带背部D形环相连接，并确认其锁紧状态； (2) 攀爬过程中三点着力双手不应持有任何物品		作业人员
3	二层台作业		(1) 安全带尾绳未系好即开始工作； (2) 操作中二层台兜绳断，二层台尾绳未系好、坠落； (3) 气动绞车钢丝绳与安全带尾绳缠绕； (4) 作业完毕二层台挡销未关闭，剩余钻具未固定，导致倒出操作； (5) 吊卡夹伤手； (6) 碰天车	(1) 作业前先将安全带尾绳系到可靠的锚固上，固定在栏杆时，应先检查栏杆是否可靠，禁止将安全带尾绳挂在猴台栏杆上； (2) 检查兜绳是否完好，检查工具尾绳是否固定良好； (3) 使用气动绞车时安全带尾绳应与钢丝绳保持足够距离，停用时断开纹车气源； (4) 关闭二层台挡销，用绳子固定剩余钻具； (5) 开关吊卡时，手抓牢手柄，手禁止放于吊卡或手柄吞锁舌的位置，手锁舌与吊环接触； (6) 作业过程中精力集中，随时注意游车上行高度，及时提醒刹把作业人员		作业人员
4	下二层台		(1) 速差器动作不正确、攀爬动作不正确导致高空坠落； (2) 未将速差器钢丝绳缩回壳体，导致钢丝绳锈蚀和磨损	(1) 将速差器弹簧钩与安全带背部D形环相连接，并确认其锁紧状态； (2) 攀爬过程中三点着力双手不应持有任何物品； (3) 速差器钢丝绳缩回壳内，使用引绳连接到井架大腿笼梯处		作业人员

37. 气动绞车下套管工作安全分析表

编号：JSA-ZJ037

单位				气动绞车下套管	
作业负责人				需要的特种作业人员资质	司钻操作证
序号	工作步骤	危害描述	危害控制措施		责任人（岗位）
1	吊套管至钻台坡道	(1)排套管时夹伤手脚； (2)套管滑落伤人； (3)套管碰撞座及井口； (4)套管撞伤钻台人员	(1)场地上安排两人负责排套管，栓吊索，作业前检查好气动绞车钢丝绳索和吊带； (2)排套管时，场地作业人员站于套管同一侧； (3)用人造纤维吊带(不小于2t)穿套管外螺纹端拉好牵引绳，站于钻杆跑道外 (4)场地人员在套管中前部；	(1)指挥人员； (2)作业人员
2	扣吊卡	(1)吊卡摆动伤人； (2)夹伤手	(1)人员站在侧面，推拉吊环； (2)手抓在安全位置，扣好以后发信号给司钻	作业人员
3	上提套管，井口对扣，套管钳上扣	(1)套管上钻台面伤人； (2)挡住司钻视线，导致误操作； (3)内径清楚伤人或掉入井内套管； (4)套管摆动伤人	(1)司钻控制上提速度； (2)使用挡绳扶套管； (3)井口作业人员合理站位，不得挡住司钻视线，司钻在接到明确手势后下放； (4)专人负责内径通，人员卸护站位，手不得放于护丝端部，脚不得站于钻杆护丝下方，护丝用好绳子申好，用气动绞车吊下钻； (5)套管运动方向禁止站人，扣合钳子时配合好，套管钳使用完后固定在井架侧面距，钳尾绳长短合适，操作人员保持与套管钳0.3m距离	作业人员
4	上提套管，井口开吊卡	刹车不稳，顿飞井口吊卡	(1)提前检查好刹车系统； (2)司钻刹稳后再开吊卡	(1)指挥人员； (2)作业人员
5	下放套管	(1)遇阻卡钻； (2)游车系统下砸	(1)控制套管下放速度，观察指重表； (2)悬重超过10t，使用辅助刹车	(1)指挥人员； (2)作业人员
6	井口换吊卡	误操作伤人	(1)吊卡坐转盘以后再拨销子； (2)井口作业人员合理站位，不得挡住司钻视线	作业人员

— 39 —

38. 封井器试压工作安全分析表

编号：JSA-ZJ038

单位				封井器试压		
作业负责人			工作任务简述	封井器试压		
			作业人员			
序号	工作步骤	危害描述	危害控制措施		需要的特种作业人员资质	责任人（岗位）
1	检查井控设备	设备损坏伤人	(1) 试压前对所有管线、闸阀进行检查； (2) 确认各闸阀开关状态是否正确； (3) 压力表灵敏可靠，试压过程中平稳操作			(1) 指挥人员； (2) 作业人员
2	连接试压管线、注水及关闭封井器	(1) 敲击伤人； (2) 刺漏伤人	(1) 用榔头砸活接头时，人员避开榔头运动方向站位，戴好护目镜；			作业人员
3	封井器及各闸门试压	(1) 操作不当伤害； (2) 刺漏伤人	(1) 专人指挥，手势清晰，专人操作； (2) 划定危险区域，人员处在安全区域			(1) 指挥人员； (2) 作业人员
4	卸压	(1) 误操作伤人； (2) 敲击伤人； (3) 环境污染	(1) 卸压时必须通过节流阀卸压，严禁用开封井器卸压； (2) 拆管线用榔头砸活接头时，人员避开榔头运动方向站位，戴好护目镜； (3) 试压泄漏的液压油及时清理			(1) 指挥人员； (2) 作业人员

39. 更换防喷器闸板芯子工作安全分析表

编号：JSA-ZJ039

单位				更换防喷器闸板芯子		
作业负责人			工作任务简述	更换防喷器闸板芯子		
			作业人员			
序号	工作步骤	危害描述	危害控制措施		需要的特种作业人员资质	责任人（岗位）
1	卸储能器压力	未泄压误操作损坏设备、伤人	(1) 将电动泵控制开关倒至停止位，完全打开泄压闸门，并上锁挂签； (2) 测试验证断开或关闭有效后，作业人员在"隔离方案"上签字			(1) 指挥人员； (2) 作业人员

续表

工作任务简述：更换防喷器闸板芯子

单位					
作业负责人					
序号	工作步骤	作业人员危害描述	危害控制措施	需要的特种作业人员资质	责任人（岗位）
2	开封井器侧门	(1)榔头砸伤人； (2)落物伤人； (3)高处坠落； (4)化学腐蚀	(1)榔头旋转半径内不得站人，检查榔头连接部位； (2)扳手用保险绳系牢； (3)系好安全带，高挂低用； (4)开下四通闸门，放井内四通上部的钻井液		作业人员
3	取下旧闸板，安装新闸板	(1)闸板坠落砸伤腿部； (2)挤伤手； (3)损坏设备	(1)更换闸板时，两边不能同时打开，伸出旧闸板时一边用绳索固定好，另一边必须戴上一颗丝防止损坏液压杆； (2)两人配合，使用专用工具抬卸闸板芯子； (3)手不放在侧门和壳体之间		作业人员
4	关封井器侧门	(1)榔头砸伤人； (2)落物伤人； (3)高处坠落	(1)榔头旋转半径内不得站人，检查榔头连接部位； (2)扳手用保险绳系牢； (3)系好安全带，高挂低用		作业人员
5	试关井	(1)侧门密封件不到位，泄漏，试压不成功； (2)高压伤害	(1)确认密封件到位； (2)检查井口和管线时，保持一定的安全距离		(1)指挥人员； (2)作业人员

40. 清掏罐工作安全分析表

编号：JSA-ZJ040

单位					
作业负责人			工作任务简述	清掏罐	
序号	工作步骤	作业人员	危害描述	危害控制措施	需要的特种作业人员资质	责任人(岗位)
1	能量隔离	作业人员	触电、运转设备伤人	(1) 对循环罐连接管线进行隔离并对海底阀进行上锁挂签； (2) 在配电室内或循环搅拌器控制开关并进行上锁挂签(如不能上锁应有专人监护)		(1) 指挥人员； (2) 作业人员
2	进入前进行空气检测(可燃气体、O_2、H_2S气体等)		(1) 高温灼伤、化学腐蚀伤害； (2) 存在可燃气体和H_2S气体，易对作业人员造成伤害	(1) 排放完罐内残液，温度较高时用水冷却； (2) 对受限空间的上中下部和暴露区域必须进行气体检测(H_2S可能聚集在罐下部，可燃气体则在罐上部)； (3) 将要进入的罐所有人口盖板全部打开，或使用专用通风设备通风		作业人员
3	掏罐人员进入循环罐		(1) 人员劳保不合理造成伤害； (2) 人员进入循环罐时滑跌	(1) 进入人员应穿戴防滑雨靴、护目镜、口罩、防酸碱手套，随身携带气体监测仪，并拴好救生绳，然后由监护人将工具递入、专人监护		(1) 指挥人员； (2) 作业人员
4	掏罐作业		(1) 清罐时人员滑跌； (2) 机械伤人	(1) 清罐时应穿戴好安全帽、防滑雨靴、护目镜、口罩、防酸碱手套、使用好气体监测仪，要求连续或间断使用气体监测仪，若间断时间不得超过30min； (2) 有专人在出口处监护，防止有人误开设备，同时观察好清罐人员作业情况，若有异常，便于及时救援		(1) 指挥人员； (2) 作业人员
5	人员撤离回收工具		(1) 人员出循环罐时滑跌； (2) 工具遗留发生意外	(1) 先将工具递出，然后作业人员在监护人的帮助下撤离循环罐； (2) 仔细清点作业工具，防止设备开启时发生意外事故		作业人员

41. 更换大绳工作安全分析表

编号:JSA-ZJ041

单位		工作任务简述		更换大绳		编号:JSA-ZJ041
作业负责人						
序号	工作步骤	危害描述	危害控制措施	需要的特种作业人员资质	责任人(岗位)
1	下放并固定游车大钩	(1)游车大钩摆动伤人; (2)游车大钩滑动伤人	(1)下放时,坡道下方及跑道上严禁站人; (2)使用21.5mm钢丝,将游车吊环与地面绳通连接,两台气动绞车配合将游车大钩下放到坡道上; (3)操作前检查好气动绞车、绷绳及滑轮,专人指挥气动绞车操作,操作气动绞车人员应具备相应能力; (4)游车大钩放于坡道上后,用21.5mm钢丝绳穿过游车上方吊耳固定在两侧井架底座上	司钻操作证	(1)指挥人员; (2)作业人员
2	卸绞车护罩	夹伤、挤压伤害	(1)切断绞车动力,上锁挂签,专人监护; (2)卸螺栓时,工具抓牢防打滑碰伤手; (3)拆护罩后缓慢下放气动绞车(或用白棕绳),将护罩放于加宽台上,下方配合人员脚不得站于护罩正下方		作业人员
3	拆死、活绳头	(1)钢丝绳释放扭矩伤人; (2)拆绳杆人员高处坠落	(1)操作人员侧面站立,不得正对钢丝绳释放扭矩方向; (2)拆上部绳杆时,在内支梁上系好安全带,接绳器两头连接固定,保证人员坠落不与坠落基准面直接接触		作业人员
4	对接钢丝绳,倒换大绳	(1)钢丝绳滑脱伤人; (2)换出的钢丝绳释放扭矩伤人	(1)2~3人操作,使用接绳器对接钢丝绳,接绳器平稳两头连接固定; (2)司钻应使用应急电动机或使用滚筒紧出的旧绳,操作平稳适当控制速度; (3)作业人员相互配合使用滚筒紧出的旧绳; (4)内支梁电动倒绳机处1人操作电动机按钮,1人与钻台指挥人员联络		(1)指挥人员; (2)作业人员
5	固定死活绳头	(1)死绳端钢丝绳应力伤人; (2)绳端未固定牢,留下设备隐患	(1)操作人员不得正对钢丝绳释放扭矩方向,每盘1圈穿好挡绳杆,4圈盘满后穿上所有挡绳杆; (2)死活绳头压板螺栓齐全,紧固紧平,戴好井帽,活绳头一个,死绳端卡两个防滑绳卡,并涂上红油漆,便于运转中进行观察		(1)指挥人员; (2)作业人员

42. 更换井架灯工作安全分析表

编号:JSA－ZJ042

单位		工作任务简述	更换井架灯		
作业负责人		作业人员		需要的特种作业人员资质	登高操作证、电工操作证
序号	工作步骤	危害描述	危害控制措施		责任人(岗位)
1	准备好灯管、工具	(1)工具、灯管坠落伤人; (2)未切断电源或误操作合开关触电伤人	(1)安排有资质人员登高作业; (2)将所带工具放人专用工具包内,工具和灯管拴好保险绳与人体相连; (3)钻台、场地人员撤离到安全区域; (4)地面电控箱断电,并上锁挂签(或仪挂签、专人监护)		作业人员
2	上井架	(1)安全带、速差器等防坠落装置有缺陷,可能导致人员高空坠落; (2)速差器与安全带连接不正确; (3)攀爬动作不正确	(1)检查全身式安全带与防坠落装置,确认所有弹簧钩、钢丝绳,系索处于完好状态; (2)将速差器弹簧钩与安全带背部D形环相连接,并确认其锁紧状态; (3)攀爬过程中三点着力双手不应持有任何物品		作业人员
3	更换灯管	安全带尾绳固定点不可靠	作业前先将安全带尾绳系到可靠的锚固上,固定在栏杆上时,应先检查栏杆是否可靠,更换灯管时手中的工具、灯管拿稳并挂好尾绳,防止掉落		作业人员
4	回收灯管和工具、下至钻台面	(1)工具、物料坠落伤人; (2)速差器与安全带连接不正确; (3)攀爬动作不正确	(1)清理井架灯管及工具,并拴好保险绳,将所带工具全部放人工具包内,旧灯挂好保险绳与人体相连; (2)将速差器弹簧钩与安全带背部D形环相连接,并确认其锁紧状态; (3)攀爬过程中三点着力双手不应持有任何物品		作业人员

43. 单点测斜仪测斜工作安全分析表

编号:JSA－ZJ043

单位		工作任务简述	单点测斜仪测斜		
作业负责人				需要的特种作业人员资质	司钻操作证
序号	工作步骤	危害描述	危害控制措施		责任人(岗位)
1	安装测斜仪	仪器夹伤手	要求两人配合,安装仪器时,使用专用链钳,手不得放于仪器下方		(1)指挥人员; (2)作业人员
2	卸方钻杆入鼠洞	碰伤人,钻井液冲击伤人	(1)确认停泵,观察泵压表回零; (2)拉方钻杆时,站位合理,不得站于方钻杆摆动方向,不得挡住司钻视线; (3)司钻操作平稳,缓慢下放方钻杆入鼠洞		作业人员
3	放仪器进入钻具内	仪器下砸、上顶伤人	(1)使用气动小绞车下放测斜仪; (2)两人配合扶正测斜仪,严禁将手放在仪器下端,平稳放入钻杆水眼		作业人员
4	接方钻开泵	(1)仪器压坏; (2)夹伤手	(1)手扶住仪器上端入方钻杆水眼内; (2)司钻注意力集中,操作平稳		作业人员
5	卸方钻杆取出测斜仪	(1)仪器上顶伤人; (2)仪器夹伤手	(1)人员不得正对钻杆水眼观察仪器上浮情况,观察人员戴好安全眼镜; (2)两人配合扶正测斜仪,平稳取出水眼; (3)卸测斜仪时,两人配合,使用专用链钳,手不得放于仪器下方		作业人员

44. 放喷点火（人工点火）工作安全分析表

编号：JSA－ZJ044

单位					
作业负责人					

工作任务简述

作业人员					

放喷点火（人工点火）

序号	工作步骤	危害描述	危害控制措施	需要的特种作业人员资质	责任人（岗位）
1	点火前准备	（1）易燃、易爆物品引起火灾爆炸； （2）附近居民误入点火区	（1）距点火口20m设置安全警戒和标识，清除警戒区域内易燃、易爆物品； （2）必要时在500m的路口设置监护人，防止村民进入		作业人员
2	设置油盆	油盆固定不牢，人员烧伤	（1）点火人员（设置双岗）到达点火处，将油盆挂在点火口、点火坑围墙上； （2）油盆系挂牢固，安置好后再点燃油盆		作业人员
3	倒好井口及地面流程闸门（不能送气）	（1）人员滑跌到方井； （2）工具使用中人员碰伤	（1）井口使用方井盖板，必要时使用全身式安全带； （2）倒闸门时站位对阀芯，流程闸门进行挂牌标识		（1）指挥人员； （2）作业人员
4	井口作业人员开启控制阀送气点火	（1）人员滑跌； （2）工具使用不当造成人员伤害，与阀芯对站造成人员伤害	（1）井口使用方井盖板，必要时使用全身式安全带； （2）倒闸门时正确使用工具，站在正对阀芯，对流程闸门进行挂牌标识		（1）指挥人员； （2）作业人员
5	放喷	（1）人员滑跌； （2）冰堵爆管； （3）熄火后，有毒有害、可燃气体扩散引起人员中毒、火灾爆炸	（1）人员站位正确，监护人要全程监护工作； （2）做好节流部位的保温； （3）全过程监护，发现熄火，随时提醒作业人员； （4）再次点火前应进行气体监测		（1）指挥人员； （2）作业人员
6	完成后现场清理	火灾	检查并处理现场高温和易燃物质		作业人员

45. 下油管工作安全分析表

编号:JSA-ZJ045

单位			工作任务简述	下油管	
作业负责人			作业人员	需要的特种作业人员资质	司钻操作证
序号	工作步骤	危害描述	危害控制措施		责任人(岗位)
1	油管上钻台	(1)油管滑脱伤人; (2)油管内径不通	(1)作业前检查吊带、风动绞车钢丝绳、吊钩是否有损坏、断丝、裂纹,吊钩防脱装置是否完好; (2)使用人造纤维吊带(不小于2t)穿套油管,每次只允许吊一根油管上坡道; (3)专人(具备能力)操作气动绞车,操作人员得到明确信号方可上提,操作平稳,严禁猛提猛放; (4)场地人员在油管外螺纹端拉好牵引绳,站于钻杆跑道外; (5)使用专用工具通油管内径; (6)坡道下方禁止通行	(1)指挥人员; (2)作业人员
2	扣吊卡上提油管	(1)吊卡摆动伤人; (2)夹伤手,活门未扣到位,油管脱落; (3)内径规滑落伤人	(1)人员站在侧面,推拉吊卡,站位不得挡住司钻视线; (2)司钻操作平稳,严禁猛拉; (3)手抓在安全位置,扣吊以后确认吊卡活门扣到位后,再发信号给司钻; (4)油管出钻道时,扣吊人员及时扶住油管; (5)钻台人员卸内丝接站位,手不得放于护丝端部,脚不得站于护丝下方	作业人员
3	对扣,操作油管钳紧扣	(1)管钳打滑,损伤油管扣; (2)夹伤手; (3)误操作; (4)落物入井、卡油管; (5)护丝掉下钻台伤人	(1)检查好油管钳上下钳牙是否磨损,是否安装牢靠; (2)检查好螺纹,涂抹螺纹脂; (3)使用油管钳时对合理站位,引扣平稳,对扣时手不得放在螺纹下方; (4)司钻在接到明确站位、扣合信号明确直声势后方动作,手不得放于护丝端部,脚不得站于护丝下方; (5)盖好井口,防落物入井; (6)护丝用绳子申好,用气动绞车吊下钻台	(1)指挥人员; (2)作业人员
4	下放油管	游车砸转盘伤人	(1)控制下放速度,下放平稳,严禁猛刹、猛放; (2)检查盘刹、电磁刹、防碰装置,确保运转正常	作业人员

46. 装采油树工作安全分析表

编号：JSA-ZJ046

单位				装采油树	
作业负责人			工作任务简述		
序号	工作步骤	作业人员 危害描述	危害控制措施	需要的特种作业人员资质	责任人（岗位）
1	清理方井	(1)中毒、窒息； (2)方井内油污、积水，导致跌落； (3)方井内杂物伤脚； (4)爬梯时跌滑； (5)落物伤人	(1)进入方井前进行有毒气体和氧气检测，如发现浓度超标，应进行强制通风； (2)用潜水泵抽干方井内积水，清理方井污泥及杂物； (3)固定好方井爬梯； (4)进入方井爬梯时，不带工具，专人负责用绳子递送，系好安全带； (5)用平口铲子清理方井内杂物，杂物装桶内，用绳索系牢提出方井，方井内人员不得正对桶站立		(1)指挥人员； (2)作业人员
2	检查设备和工具	(1)气动绞车钢丝绳伤人； (2)钢丝断裂伤人； (3)试压不成功	(1)检查好钢丝绳磨损是否超过技术安全规定，检查吊钩及排绳器，检查风动绞车固定是否牢靠，正确操作； (2)检查好绷绳及吊钢丝绳磨损是否超过技术安全规定，是否扭矩； (3)检查好钢圈及钢圈槽，清理干净		作业人员
3	吊装就位	(1)起吊时吊索吊具断裂、滑落伤人； (2)下放对齐过程中挤伤手、采油树旋转伤人； (3)进入方井爬梯时跌滑； (4)采油树撞击伤人	(1)绷吊作业时，人员远离绷吊绳索； (2)专人指挥，使用对讲机指挥风动绞车，使用牵引绳，手扶安全位置，进入方井人员不得超过两人； (3)梯子固定牢靠，系好安全带； (4)就位时身体任何部位不得位于采油树运动方向	吊装操作证、吊装指挥证、司索证	(1)指挥人员； (2)作业人员
4	紧固	(1)榔头打击伤人； (2)扳手掉落砸伤脚	(1)检查榔头焊接情况，人员避开榔头旋转方向站位； (2)扳手系好牵引绳		作业人员

47. 倒出钻铤工作安全分析表

编号：JSA–ZJ047

单位			
作业负责人	工作任务简述	需要的特种作业人员资质	责任人（岗位）
	作业人员	司钻操作证、吊装操作证、吊装指挥证、司索证	

序号	工作步骤	危害描述	危害控制措施	责任人（岗位）
1	钻铤立柱人鼠洞	人员站位不正确砸伤脚；	(1) 扶钻铤人鼠洞人员脚不得站于钻铤正下方；	作业人员
2	倒钻铤卸扣	B形吊钳伤人	B形吊钳钳头选择合适，咬平、咬紧后，井口人员站于井架大腿外侧	作业人员
3	吊车与地面绷绳配合将钻铤送于跑道上	钻铤滑落、摆动伤人	(1) 上好提升短节，穿套吊索吊具(不小于5t)挂于吊车大钩上； (2) 卸下安全卡瓦，吊钻铤使用安全卡瓦作为吊点； (3) 专人指挥吊车，吊钻铤时，钻铤尾部使用吊带与滑轮配合，吊带在钻铤上穿两圈并用卸扣锁紧； (4) 使用地面绷绳部使用吊带与滑轮配合，平稳地将钻铤放于钻杆跑道 (5) 正对绷绳方向不得站人； (6) 专人指挥吊车与气动绞车配合，平稳地将钻铤放于钻杆跑道	(1) 指挥人员 (2) 作业人员
4	排钻铤于管排架上，卸提升短节	提升短节滑落伤人	使用吊车吊稳提升短节中部，两人配合卸掉提升短节，站位脚不得站于短节下方	作业人员

48. 倒出方钻杆工作安全分析表

编号：JSA–ZJ048

单位			
作业负责人	工作任务简述	需要的特种作业人员资质	责任人（岗位）
	作业人员		

序号	工作步骤	危害描述	危害控制措施	责任人（岗位）
1	清理钻台面，检查井口工具、绷绳及滑轮	(1) 吊钳尾绳、猫头钢丝绳断丝、气动绞车刹车不灵； (2) 绷绳断丝、滑轮破损； (3) 钻台面杂物绊	(1) 检查B形吊钳钳牙、销子、尾绳及钳头等关键部位，检查气动绞车刹车及钢丝绳断丝排列，检查猫头钢丝绳断丝； (2) 检查绷绳情况，检查滑轮外壳及挂钩弹簧片松紧	作业人员

续表

倒出方钻杆

单位				
作业负责人				
序号	工作步骤	工作任务简述		
		作业人员		
		危害描述	危害控制措施	
			需要的特种作业人员资质	责任人（岗位）
2	取滚子方补心	吊滚子时易硬伤手、脚	滚子套挂牢稳，并用气动绞车将滚子方补心吊于坡道上	(1)指挥人员； (2)作业人员
3	松上旋塞，卸方钻杆扣	水龙头摆动伤人	(1)用B形吊钳将上旋塞两端卸松开，再用液压猫头（机械猫头）带旋绳顺时针卸完方钻杆螺纹，操作人员站位于井架外侧； (2)将水龙头平放于钻台面	作业人员
4	将方钻杆放置地面跑道	钢丝绳滑脱，方钻杆失去控制伤人	(1)用准备好的钢丝绳绳套（φ16mm×2m），一端挂在大门前绷绳滑轮钩上，一端套在方钻杆下部的方圆过渡处，另一起将方钻杆给放到地面跑道上； (2)使用两台气动绞车（或游车加一台气动绞车）一起将方钻杆给放到地面跑道上	作业人员

49. 放井架工作安全分析表

编号：JSA-ZJ049

放井架

单位				
作业负责人				
序号	工作步骤	工作任务简述		
		作业人员		
		危害描述	危害控制措施	
			需要的特种作业人员资质	责任人（岗位）
				司钻操作证、登高操作证、吊装操作证、吊装指挥证、司索证
1	拆装钻台加宽板、梯子、坡道、偏房等，翻二层台猴台	(1)拆装钻台加宽板、梯子、坡道，偏房，人员易跌落下台； (2)翻二层台猴台时人员易造成高空坠落； (3)二层台落物伤人	(1)在拆拆钻台加宽板和偏房处拉好警示带，临边作业人员系好安全带，专人监护； (2)安排有资质人员从事高空作业，上、二层台时使用防坠落装置，二层台作业系好安全带； (3)作业人员的手工具系好保险绳，作业下方严禁站人	(1)指挥人员； (2)吊车驾驶员； (3)作业人员

续表

单位	工作任务简述			需要的特种作业人员资质	责任人(岗位)
作业负责人	放井架				
序号	工作步骤	危害描述	危害控制措施	司钻操作证,登高操作证,吊装操作证,司索指挥证	
2	上提游车拉紧起升井架大绳,拆掉井架与人字架的连接搭扣螺栓和压板	(1)高处坠落; (2)椰头摆动,销子飞出伤人; (3)工具坠落伤人	(1)安排有资质人员从事高空作业,系好安全带; (2)工作人员拆销子时戴好护目镜,正确使用椰头,人员远离椰头运行轨迹; (3)作业人员的手工具系好保险绳; (4)高空作业时作业人员停止工作,站于安全位置		(1)指挥人员; (2)吊车驾驶员; (3)作业人员
3	用缓冲装置将底座顶离人字架	(1)未完全拆除固定,造成缓冲器损坏; (2)缓冲器液压连接管线松动或者管线断裂	(1)工作前专人确认固定拆除情况; (2)清理作业现场,确保区域内无阻挡物和障碍物; (3)检查安装好液压管线,测试缓冲器是否有效,由专人操作液压缸塞活头顶住井架大腿; (4)专人指挥,对讲机联络		(1)指挥人员; (2)作业人员
4	下放井架到大支架	(1)起升大绳变形或断丝严重; (2)起升清洁不灵活; (3)刹车系统失灵; (4)二层台落物伤人; (5)大雨,6级及以上大风,浓雾,大雪	(1)提前安排人员检查大绳磨损,紧固情况,如有变形或断丝严重及时更换; (2)放井架专人检查,保养; (3)提前检查好刹车系统,下放时由司钻操作刹车系统,并挂好辅助刹车,专人指挥,监护; (4)提前将二层手工具固定好,放井架时,井架专人操作,井架正对方不能站人; (5)遇恶劣天气不得进行放井作业		(1)指挥人员; (2)作业人员
5	抽井架大绳	(1)卷绳器漏电; (2)排绳时挤伤手脚	(1)检查卷绳器所接电缆线是否正确,有无裸露现象,专人操作卷绳器控制开关; (2)放井架时指挥,排绳时工作人员正确站位,严禁身体直接接触钢丝绳,排绳工具使用正确,相互监护		(1)指挥人员; (2)作业人员
6	拆卸天车、二层台	(1)高空坠落; (2)工具物料坠落伤人	(1)拆卸天车、二层台过程中系好全身式安全带,尾绳应高低用; (2)拆卸过程中将所用工具挂好保险绳与井架本体相接,严禁向下抛工具及附件; (3)拆卸过程中天车、二层台下方严禁站人		(1)指挥人员; (2)作业人员
7	下放井架到小支架	(1)大绳断裂; (2)刹车系统失灵	(1)提前安排人员检查大绳刹车系统,并挂好辅助刹车,专人监护; (2)司钻操作刹车系统,紧固及刹车情况		(1)指挥人员; (2)作业人员

50. 材料卸车工作安全分析表

编号:JSA－ZJ050

单位				下车、堆料	
作业负责人					
序号	工作步骤	作业人员	危害描述	危害控制措施	需要的特种作业人员资质	责任人(岗位)
1	车辆就位		车辆伤害	移动车辆时由专人指挥,人员远离车辆		(1)驾驶员; (2)钻井液工
2	开车厢门		物体打击	观察车内货物堆放情况,人员站在车门一侧打开车门		钻井液工
3	卸车		(1)跌倒; (2)压伤; (3)化学腐蚀	(1)穿戴工作服、防护手套等劳保用品; (2)作业人员量力而行,合理分配,正确站位,留出操作空间; (3)发现材料包装破损泄漏时,勿让材料直接接触皮肤,将泄漏物清理干净		钻井液工
4	堆料		(1)跌倒; (2)压伤; (3)化学腐蚀	(1)采用平码堆放,单列堆放的材料层高不能超过2m,材料之间应预留安全通道,多列堆放的材料层高不能超过1.2m,多列堆放时,勿让材料直接接触皮肤,将泄漏物清理干净 (2)发现材料包装破损泄漏时,其他人员远离车辆		钻井液工
5	场地清理		(1)摔伤; (2)车辆伤害; (3)环境污染	(1)作业人员下车时抓牢踩稳; (2)车辆移动时专人指挥,其他人员远离车辆; (3)清理干净撒落材料		(1)驾驶员; (2)钻井液工

51. 加钻井液材料工作安全分析表

编号:JSA－ZJ051

单位				加钻井液材料	
作业负责人					
序号	工作步骤	作业人员	危害描述	危害控制措施	需要的特种作业人员资质	责任人(岗位)
1	取料		压伤	依次从上往下取料,正确站位,避免垮塌时压伤		钻井液工
2	搬运材料		(1)跌倒; (2)压伤	(1)留出足够宽的通道,清理地面杂物; (2)作业人员量力而行,合理分配,姿势正确		钻井液工

续表

单位				
作业负责人		工作任务简述	加钻井液材料	
序号	工作步骤	作业人员		
		危害描述	危害控制措施	需要的特种作业人员资质	责任人（岗位）
3	加料过程	(1)化学腐蚀； (2)机械伤害； (3)刀具割伤	(1)穿戴护目镜、防尘口罩，防护手套等劳保用品； (2)若化学材料或钻井液溅入眼内，及时将洗眼器喷枪危出口对着眼部冲洗； (3)不要靠近设备旋转部位； (4)手不能停留在刀具运移方向上		钻井液工
4	完工清理	(1)跌倒； (2)环境污染	(1)将工具、包装等清理干净； (2)收集散落的材料，倒入钻井液罐中		钻井液工

52. 使用便携式滚子炉工作安全分析表

编号：JSA-ZJ052

单位				
作业负责人		工作任务简述	使用便携式滚子炉	
序号	工作步骤	作业人员		
		危害描述	危害控制措施	需要的特种作业人员资质	责任人（岗位）
1	设置加热程序，加热	触电	检查设备线路，无破损		实验操作人员
2	放入陈化釜滚动	(1)烫伤； (2)跌落砸伤	(1)佩戴防护手套； (2)放入陈化釜时要握牢		实验操作人员
3	停机取出陈化釜	(1)烫伤； (2)跌落砸伤	(1)停机后打开滚子炉门通风冷却30min以上； (2)佩戴防护手套，抱稳陈化釜		实验操作人员
4	冷却陈化釜、泄压	(1)烫伤； (2)机械伤害	(1)陈化釜用冷水冷却； (2)湿毛巾轻覆盖泄压阀杆出口，开启泄压阀杆，人不能正对泄压阀杆出口，泄尽釜内压力再开盖		实验操作人员

53. 使用高温高压滤失仪工作安全分析表

编号:JSA－ZJ053

单位			使用高温高压滤失仪	
作业负责人		工作任务简述		
		作业人员	需要的特种作业人员资质	责任人(岗位)
序号	工作步骤	危害描述	危害控制措施	
1	开机预热	触电	检查设备线路,无破损	实验操作人员
2	钻井液装杯,加压,升温,测试	(1)高压伤人; (2)烫伤; (3)砸伤	(1)确保钻井液杯上下阀杆与压力源连接到位并用销钉锁定; (2)将钻井液杯装入加热套时,要戴好防护手套,并要抓牢钻井液杯; (3)操作时,不得在超过设备最高工作温度的情况下继续作业	实验操作人员
3	停机,泄管汇压力,取出钻井液杯	(1)高压伤人; (2)烫伤; (3)砸伤	(1)关闭气源,缓慢泄尽管汇压力; (2)戴防护手套取出钻井液杯,抱稳钻井液杯	实验操作人员
4	冷却钻井液杯,泄钻井液杯压力	(1)烫伤; (2)高压伤人	(1)用冷水冷却钻井液杯; (2)湿毛巾轻覆盖泄压阀杆出口,开启泄压阀杆,人不能正对泄压阀杆出口; (3)杯内压力泄尽后方能开启杯盖	实验操作人员

54. 气体钻井起下钻拆装旋转控制头工作安全分析表

编号:JSA－ZJ054

单位			气体钻井起下钻拆装旋转控制头	
作业负责人		工作任务简述		
		作业人员	需要的特种作业人员资质	责任人(岗位)
序号	工作步骤	危害描述	危害控制措施	
1	检查全身式安全带和其他个人劳动防护用品	(1)高处坠落; (2)物体打击	(1)更换完好的安全带; (2)清理随身物品; (3)随身工具放入工具袋内	设备操作工

续表

气体钻井起下钻装旋转控制头

单位				
作业负责人				
	工作任务简述			
序号	作业人员	危害描述	危害控制措施	需要的特种作业人员资质	责任人(岗位)
2	检查差速器,将差速器挂环与安全带D形环连接	高处坠落	(1)更换完好的差速器; (2)锁紧到位		设备操作工
3	拆装旋转控制头	(1)高处坠落; (2)物体打击; (3)机械伤害	(1)作业时安全带高挂低用,使用好差速自控器; (2)检查工具尾绳固定良好; (3)专人指挥,控制钻具上提下放速度; (4)专人指挥,钻具过胶芯使用专用引锥,防止钻具压弯造成物体打击		(1)设备操作工; (2)队长
4	作业完毕清理工具,下梯子	(1)物体打击; (2)高处坠落	(1)认真清点工具,确认无遗留,用绳子将工具吊下,严禁高空抛物; (2)检查好差速器; (3)下梯子时要求系好安全带,爬稳抓牢		设备操作工

55. 安装 9⅝in 排砂管线工作安全分析表

编号:JSA-ZJ055

安装 9⅝in 排砂管线

单位				
作业负责人				
	工作任务简述			
序号	工作步骤	危害描述	危害控制措施	需要的特种作业人员资质	责任人(岗位)
1	吊车就位,打千斤腿	倒车时碰坏设备、人员伤害、下陷倾覆	(1)由专人指挥清场,指挥倒车; (2)人员不能在倒车运动范围内,吊车司机必须在同侧打支腿; (3)抬垫钢板两人协调配合,千斤顶下面垫枕木、钢板	吊装操作证,吊装指挥证,司索证	(1)指挥人员; (2)吊车司机; (3)操作人员
2	选择吊索吊具	吊索、吊具断,设备损坏,人员伤害	按物体质量和吊装作业安全管理程序正确选择吊索、吊具		操作人员

续表

安装 9⅝in 排砂管线

单位							
作业负责人							
序号	工作步骤	工作任务简述		危害描述	危害控制措施	需要的特种作业人员资质	责任人(岗位)
		作业人员					
3	挂绳套,试吊			(1)失衡倾覆; (2)夹手	(1)吊物挂平衡,吊物半径内严禁站人,试吊起升高度不超过 0.2m; (2)专人指挥,不要把手放在吊索与吊物之间	吊装操作证,吊装指挥证,司索证	(1)指挥人员; (2)操作人员
4	起吊套管排砂管线			(1)吊物坠落砸人; (2)吊物碰坏设备和伤人	(1)吊车旋转半径内严禁有人,吊车旋转时套管排砂管线远离吊物的方向; (2)使用双牵引绳控制套管排砂管线		操作人员
5	连接套管排砂管线和壳体			(1)操作作业人员滑倒或脚踩空从高处坠落; (2)套管移动碰伤作业人员	(1)使用防坠落装置,作业时系好保险带; (2)专人指挥,指令信号明确,操作人员手严禁放在接触兰接触面上		操作人员
6	取吊具(取绳套)			机械伤害	吊索松弛后,用工具摘绳套		设备操作工

56. 欠平衡作业更换井口旋转防喷器工作安全分析表

编号:JSA-ZJ056

欠平衡作业更换井口旋转防喷器

单位							
作业负责人							
序号	工作步骤	工作任务简述		危害描述	危害控制措施	需要的特种作业人员资质	责任人(岗位)
		作业人员					
1	准备工作(吊开方瓦等)			(1)物体打击; (2)机械伤害	(1)作业人员劳保齐全,远离井口,收拾好钻台上的杂物,防止落物入井; (2)使用方瓦吊钩吊好方瓦,背靠平稳放在立根盒上	井控证	欠平衡作业操作工
2	欠平衡人员上井口,开卡箍			(1)滑跌; (2)高处坠落; (3)物体打击	(1)系好安全带,工具好尾绳; (2)清理好井口上的钻井液,上下井口抓好扶手; (3)正确使用工具,不要将手抓在卡箍上		欠平衡作业操作工
3	上提钻具,坐吊卡			(1)落物入井; (2)机械伤害	(1)收拾好转盘附件的工具; (2)观察好旋转总成防止挂井口,平稳吊装方瓦,打好吊卡		欠平衡作业操作工

续表

单位				
作业负责人				井控证
		欠平衡作业更换井口旋转防喷器		
序号	工作步骤	危害描述	危害控制措施	责任人(岗位)
		作业人员	需要的特种作业人员资质	
4	取下旋转防喷器	(1)落物入井； (2)机械伤害； (3)物体打击	(1)收拾好转盘附件的工具,盖好井口； (2)取旋转总成,与司钻配合缓慢取下； (3)作业人员站位正确,使用好专用工具	欠平衡作业操作工
5	装上旋转防喷器	(1)落物入井； (2)机械伤害； (3)物体打击	(1)收拾好转盘附件的工具,盖好井口； (2)上旋转总成使用好引锥和坐装架,与司钻配合,平稳安装好旋转总成； (3)作业人员站位正确,使用好专用工具	欠平衡作业操作工
6	下放到位,关卡箍,上锁紧螺栓等	(1)滑跌； (2)高处坠落； (3)物体打击	(1)上下井口抓好扶手； (2)系好安全带,工具系好尾绳； (3)作业人员站位正确,使用好专用工具,不要将手抓在卡箍上	欠平衡作业操作工

57. 欠平衡作业精细控压钻进工作安全分析表

编号:JSA－ZJ057

单位				
作业负责人				井控证
		欠平衡作业精细控压钻进		
序号	工作步骤	危害描述	危害控制措施	责任人(岗位)
		作业人员	需要的特种作业人员资质	
1	下钻	激动压力过大造成井漏	通知司钻控制钻具下放速度,防止激动过大造成井漏	队长
2	钻进	控压值偏大或偏小造成井漏或溢流	通过井下压力计数据确定井底压力并计算环空循环压耗,从而确定井口控压值	技术员
3	接立柱	井口控压不够造成溢流	停泵接立柱时,通过调节节流阀补偿环空循环压耗,使井底压力保持不变	技术员
4	循环	未排除后效造成液柱压力降低,导致溢流	每次开泵后循环一周半,排除后效	队长

续表

单位					井控证
作业负责人					责任人(岗位)
序号	工作步骤	工作任务简述			
		作业人员			
		危害描述	欠平衡作业精细控压钻进		
			危害控制措施	需要的特种作业人员资质	
5	起钻	抽汲压力过大造成溢流	通知司钻控制钻具上提速度,坐岗人员观察好液面、出口,及时发现异常		队长
6	静止观察	井内无钻具导致无法替换井内钻井液	通知井队下入钻具,尽量让钻具在套管鞋内静止观察		队长

58. 在立管上安装脉冲信号接收器工作安全分析表

编号:JSA-ZJ058

单位					
作业负责人					责任人(岗位)
序号	工作步骤	工作任务简述			
		作业人员			
		危害描述	在立管上安装脉冲信号接收器		
			危害控制措施	需要的特种作业人员资质	
1	检查脉冲信号接收器与配合接头	接收器与配合接头不合格可能造成高压伤害	(1)使用新的脉冲信号接收器密封圈; (2)使用两端螺纹良好的脉冲信号接收器和配合接头		作业队长
2	泄压	高压伤害	(1)通知司钻进行小循环泵,开启不放掉立管残余钻井液; (2)司钻进行能源隔离、上锁、挂签		(1)随钻测量工 (2)司钻
3	拆卸脉冲信号接头、安装点堵头	(1)高压伤害; (2)物体打击	(1)先卸压,观察压力表回零后才能开始拆卸,拆卸时不正对卸物; (2)抓牢工具,脚不处于拆卸物下方,拆卸物松后,用手抓紧拆卸物拆卸		随钻测量工
4	安装脉冲信号接头与配合接头	(1)组装不合格造成高压伤害; (2)物体打击	(1)用脉冲信号接收器或配合接头不处于接人点进行合扣; (2)接头外螺纹上缠绕适量生胶带; (3)用48in钳将配合接头螺纹拧紧,脚不处于管钳下方; (4)抓牢工具,脚不处于安装物下方		随钻测量工
5	试运行	高压伤害	(1)人员撤离高压区域,再通知司钻开泵; (2)第一次开泵时,立管压力从低到高,在不正对脉冲信号接收器的位置观察钻井液有无泄漏		(1)司钻; (2)作业队长

59. 在立管上拆卸脉冲信号接收器工作安全分析表

编号：JSA-ZJ59

单位			在立管上拆卸脉冲信号接收器	
作业负责人				
序号	工作步骤	危害描述	危害控制措施	需要的特种作业人员资质	责任人（岗位）
	工作任务简述		在立管上拆卸脉冲信号接收器	
	作业人员			
1	泄压	高压伤害	(1) 通知司钻停泵,开启小循环放掉立管残余钻井液； (2) 司钻进行能源隔离,上锁,挂签,作业人员不正对泄压口		(1) 随钻测量工； (2) 司钻
2	拆卸脉冲信号接收器	(1) 高压伤害； (2) 物体打击	(1) 司钻卸压完成后,观察立压,挂签,立压表回零,才能开始拆卸； (2) 拆卸时不正对拆卸物； (3) 抓紧拆卸物,脚不处于拆卸物下方,拆卸物卸松后,用手抓紧拆卸物拆卸		随钻测量工
3	安装堵头或阀门,压力表	(1) 高压伤害； (2) 物体打击	(1) 对接人点进行合扣,接头外螺纹上缠绕适量生胶带； (2) 抓牢工具,脚不处于安装物下方,用手抓紧安装物,用管钳打紧； (3) 站位不正对钻井物		随钻测量工
4	试运行	高压伤害	(1) 人员撤离高压区域,再通知司钻开泵； (2) 第一次开泵时,立管压力从低到高,在不正对安装物的位置观察钻井液有无泄漏		随钻测量工

60. 在二层台以上安装天滑轮工作安全分析表

编号：JSA-ZJ060

单位			在二层台以上安装天滑轮	
作业负责人				
序号	工作步骤	危害描述	危害控制措施	需要的特种作业人员资质	责任人（岗位）
	工作任务简述		在二层台以上安装天滑轮	
	作业人员			
1	检查天滑轮及天滑轮固定绳索和吊索	物体打击	(1) 用18mm的钢丝绳套进行悬挂,仔细检查吊索具,确保符合规范要求； (2) 用黄油对轴承进行维护保养,仔细检查滑轮,发现缺陷立即更换	登高操作证	作业队长

续表

在二层台以上安装天滑轮

序号	工作步骤	危害描述	危害控制措施	需要的特种作业人员资质	责任人(岗位)
2	向井架工进行安装交底	高空落物			作业队长
3	天滑轮吊至悬挂点	高空落物	(1)在外支梁外侧二层台以上3~5m井架大腿上或天车下横拉筋上固定,不与其他设备发生缠绕; (2)天滑轮固定绳索绕固定物一周以上,绳环穿好保险销; (3)天滑轮销子穿好保险销		登高操作证
4	井架工悬挂天滑轮	(1)高空落物; (2)高处坠落	(1)专人指挥气动绞车吊天滑轮; (2)检查气动绞车吊钩保险挡销,确保吊钩保险挡销完好符合规范要求; (3)钻台人员撤离至安全区域		(1)司钻; (2)作业队长
			(1)钻台上夫人员绳固定; (2)工具用尾绳固定; (3)井架工系好安全带; (4)两人协调配合安装; (5)天滑轮固定好后再下放气动绞车,取下气动绞车天滑轮吊索	登高操作证	(1)作业队长; (2)井架工

61. 拆卸二层台以上天滑轮工作安全分析表

单位   编号:JSA-ZJ061

拆卸二层台以上天滑轮

序号	工作步骤	危害描述	危害控制措施	需要的特种作业人员资质	责任人(岗位)
作业负责人				登高操作证	作业队长
1	检查吊索	高空落物	仔细检查吊索,吊具,确保吊索,吊具,吊具符合规范要求		作业队长
2	气动绞车吊钩起至天滑轮悬挂点	高空落物	(1)检查气动绞车吊钩保险挡销,确保吊钩保险挡销完好符合规范要求; (2)专人指挥气动绞车吊钩上,下; (3)钻台人员撤离至安全区域		作业队长

续表

拆卸二层台以上天滑轮

单位			
作业负责人			
序号	工作步骤	危害描述	危害控制措施	作业人员 需要的特种作业人员资质	责任人(岗位)

序号	工作步骤	危害描述	危害控制措施	需要的特种作业人员资质	责任人(岗位)
3	挂绳套，吊起天滑轮	(1)高空落物； (2)高空坠落	(1)专人指挥，气动绞车起天滑轮悬挂点切断气，再挂绳套； (2)两人协调配合挂绳套；工具用尾绳固定； (3)钻台上无关人员撤离至安全区域； (4)井架工系好安全带	登高操作证	(1)作业人员； (2)井架工
4	井架工拆卸天滑轮	(1)高空落物； (2)高空坠落	(1)工具用尾绳固定；两人协调配合拆卸，天滑轮固定好后再下放气动绞车，取下天滑轮； (2)钻台上无关人员撤离至安全区域； (3)井架工系好安全带		作业人员
5	气动绞车将天滑轮吊至钻台	高空落物	(1)专人指挥气动绞车吊天滑轮； (2)钻台上无关人员撤离至安全区域		作业队长

62. 安装地滑轮工作安全分析表

编号：JSA－ZJ062

安装地滑轮

单位					
作业负责人					
序号	工作步骤	危害描述	危害控制措施	需要的特种作业人员资质	责任人(岗位)
1	检查吊索、地滑轮、地滑轮固定绳缆	(1)高空落物； (2)物体打击	(1)仔细检查吊索、吊具，确保吊索、吊具符合规范要求； (2)仔细检查地滑轮，发现损坏立即更换		随钻测量工

— 61 —

续表

单位				
作业负责人				
		安装地滑轮		
序号	工作步骤	工作任务简述		
		作业人员	需要的特种作业人员资质	责任人（岗位）
		危害描述	危害控制措施	
2	挂绳套，吊起地滑轮至钻台	(1)物体打击；(2)机械伤害	(1)检查气动绞车吊钩保险挡销，确保吊钩保险挡销完好，符合规范要求；(2)跑道人员撤离至安全区域；(3)不要把手放在吊索与吊物之间	(1)随钻测量工；(2)气动绞车操作人员
3	挂地滑轮固定绳索	物体打击	(1)地滑轮固定在钳尾绳固定桩，不与其他设备发生缠绕；(2)地滑轮固定绳索绕固定物一周以上，绳环穿好保险销	随钻测量工
4	安装地滑轮	物体打击	地滑轮销子穿好保险销	随钻测量工

63. 钻具内安装 MWD 仪器工作安全分析表

编号：JSA－ZJ063

单位				
作业负责人				
		钻具内安装 MWD 仪器		
序号	工作步骤	工作任务简述		
		作业人员	需要的特种作业人员资质	责任人（岗位）
		危害描述	危害控制措施	
1	将 MWD 仪器抬至跑道	滑跌	抬仪器，两人或以上协调配合	随钻测量工
2	检查吊索	高空落物	仔细检查吊索、吊具，确保吊索、吊具符合规范要求	随钻测量工
3	挂绳套，试吊	(1)物体打击；(2)夹伤	(1)MWD 捆绑吊索牢靠，挂好吊索；(2)检查气动绞车吊钩保险挡销，确保吊钩保险挡销完好，符合规范要求；(3)专人指挥，不要把手放在吊索与吊物之间	(1)随钻测量工；(2)钻井工
4	起吊移动 MWD	物体打击	(1)专人指挥，MWD 靠在坡道上时跑道人员撤离至安全区域；(2)检查、挂好大门台阶防跌链；(3)仪器靠近钻台时用手扶仪器	随钻测量工

续表

单位			
作业负责人			
序号	工作步骤	工作任务简述	
		作业人员	
		危害描述	
		钻具内安装MWD仪器	
		危害控制措施	需要的特种作业人员资质	责任人(岗位)
5	MWD仪器放入钻链	(1)物体落击; (2)落物入井	(1)专人指挥气动绞车下放仪器,随钻测量工手扶MWD; (2)盖好井口		(1)随钻测量工; (2)钻井工
6	取出MWD送入工具	物体打击	专人指挥气动绞车上提MWD送入工具,随钻测量工手扶MWD送入工具		随钻测量工

64. 钻具内取出MWD仪器工作安全分析表

编号:JSA-ZJ064

单位			
作业负责人			
序号	工作步骤	工作任务简述	
		作业人员	
		危害描述	
		钻具内取出MWD仪器	
		危害控制措施	需要的特种作业人员资质	责任人(岗位)
1	检查吊索和打捞工具	高空落物	(1)仔细检查吊索具,打捞工具,确保符合规范要求; (2)检查气动绞车吊钩保险挡销,确保吊钩保险挡销完好符合规范要求		(1)随钻测量工; (2)钻井工
2	挂打捞工具,打捞仪器	物体打击	专人指挥气动绞车上提MWD打捞工具,随钻测量工手扶MWD打捞工具		(1)随钻测量工; (2)钻井工
3	起吊移动MWD	物体打击	(1)专人指挥监督气动绞车起吊运移; (2)手扶MWD仪器,将钻井液清理干净,不站在吊物正下方		(1)随钻测量工; (2)钻井工
4	MWD仪器放下钻台	物体打击	(1)专人指挥气动绞车下放仪器,跑道撤离安全区域; (2)MWD下放至坡道底部,气动绞车停止下放时,随钻测量工才能进入跑道抬起仪器		随钻测量工
5	将MWD仪器抬离跑道	滑跌	抬仪器,两人或以上协调配合		随钻测量工

二、试油（气）专业

65. 压裂酸化液罐、砂罐、酸罐吊装作业工作安全分析表

编号：JSA-SYQ001

单位		工作任务简述	液罐、砂罐、酸罐吊装		
作业负责人		作业人员		需要的特种作业人员资质	起重机械操作（司机、指挥司索）证
序号	工作步骤	危害描述	危害控制措施		责任人（岗位）
1	打支脚	地基下陷使起重机倾斜	检查清理场地；垫枕木		(1)起重工；(2)司索工
2	伸臂、旋转	吊钩伤人	起重工仔细观察，相互监督提醒		(1)起重工；(2)司索工
3	捆绑	挂斜、捆绑不牢	有经验人员操作		(1)起重工；(2)司索工
4	起吊（液罐）	(1)液罐坠落砸伤人员；(2)损坏吊具；(3)污染环境	(1)检查罐内有无残液时排出并检查吊臂钢丝绳的磨损情况；(2)起吊前观察上空及周边的环境有无悬挂物及障碍物；(3)由指挥信号工对吊装作业进行指挥；(4)起吊物体高于人头部的吊装作业必须使用牵引绳		(1)起重工；(2)司索工；(3)指挥信号工
5	起吊（砂罐）	(1)砂罐坠落砸伤人员；(2)损坏吊具；(3)污染环境	(1)起吊前观察上空及周边的环境有无悬挂物及障碍物；(2)由指挥信号工对吊装作业进行指挥；(3)起吊物体高于人头部的吊装作业必须使用牵引绳		(1)起重工；(2)司索工；(3)指挥信号工
6	起吊（酸罐）	(1)酸罐坠落砸伤人员；(2)损坏吊具；(3)污染环境	(1)要求药品方使用合格的外包，吊装药品选择正确的吊点；(2)起吊前观察上空及周边的环境有无悬挂物及障碍物；(3)由指挥信号工对吊装作业进行指挥；(4)起吊物体高于人头部的吊装作业必须使用牵引绳		(1)起重工；(2)司索工；(3)指挥信号工
7	收车	吊臂摆动伤人	挂钩牵牢、收到位		(1)起重工；(2)司索工

66. 压裂酸化工作液配制前电路连接作业工作安全分析表

编号:JSA-SYQ002

单位		工作任务简述	工作液配制前进行电路连接,电气设备测试	
作业负责人				
序号	工作步骤	作业人员	危害描述	危害控制措施	需要的特种作业人员资质	责任人(岗位)
1	悬挂警示标志		未明确相关方职责	将工作要求通知到相关责任方,无关人员禁止操作	电工作业证	电工
2	检查配电箱线路		带电操作,检查人员触电	(1)落实漏电保护措施; (2)进行上锁挂签; (3)断电操作		电工
3	接通连接线		操作人员触电	使用电笔,穿戴绝缘手套		电工
4	连接主线		操作人员触电	使用电笔,穿戴绝缘手套		电工
5	连接地线		操作人员触电	地线连接牢靠,地线桩深度合适		电工
6	测试设备		操作人员触电	使用电笔,穿戴绝缘手套		电工

(注:表头"需要的特种作业人员资质"与"责任人(岗位)"为独立列)

67. 压裂酸化工作液配制转水作业工作安全分析表

编号:JSA-SYQ003

单位		工作任务简述	用泵进行清水转移	
作业负责人				
序号	工作步骤	作业人员	危害描述	危害控制措施	需要的特种作业人员资质	责任人(岗位)
1	接通电源		操作人员触电	严格遵守临时用电操作规程	起重机械操作(司机、司索、指挥)证、电工作业证	电工
2	连接管汇		物体打击、铁屑飞溅伤人	(1)劳动防护用品穿戴齐全; (2)人员正确站位; (3)规范操作		井下作业工

续表

单位		工作任务简述	用泵进行清水转移		责任人(岗位)
作业负责人		作业人员		需要的特种作业人员资质	起重机械操作(司机、司索、指挥)证、电工作业证
序号	工作步骤	危害描述	危害控制措施		
3	倒换成转水流程	走空泵,管线及设备损坏;憋压,刺漏	专人操作,开泵前检查确认		井下作业工
4	开泵	操作人员触电	管汇连接牢靠,注意巡视,及时清理渗漏液体		井下作业工

68. 压裂酸化工作液配制罐群连接作业工作安全分析表

编号:JSA-SYQ004

单位		工作任务简述	对罐群进行连接		责任人(岗位)
作业负责人		作业人员		需要的特种作业人员资质	起重机械操作(司机、司索、指挥)证
序号	工作步骤	危害描述	危害控制措施		
1	吊卸主管汇	(1)物体打击; (2)吊具损坏	(1)管汇捆绑牢固; (2)起重工规范操作; (3)指挥信号工规范指挥; (4)严格遵守"十不吊"		(1)起重工; (2)指挥信号工; (3)司索工
2	连接主管汇	(1)物体打击; (2)铁屑飞溅伤人	(1)劳动防护用品穿戴齐全; (2)人员正确站位; (3)规范操作		井下作业工
3	连接6in管汇	(1)物体打击; (2)铁屑飞溅伤人	(1)劳动防护用品穿戴齐全; (2)人员正确站位; (3)规范操作		井下作业工
4	管汇连接检查	液体渗漏污染环境	逐一检查确保无渗漏		井下作业工

69. 压裂酸化工作液配制连接配液系统作业工作安全分析表

编号:JSA－SYQ005

单位				
作业负责人		工作任务简述	连接配液系统	
序号	工作步骤	作业人员		
		危害描述	危害控制措施	需要的特种作业人员资质	责任人(岗位)
1	开交底会	作业内容交代不清楚	向作业人员及相关方交代清楚配液内容、流程		(1)技术干部; (2)井下作业工
2	摆放车辆	(1)车辆伤害; (2)设备损坏	根据井场条件合理摆放		(1)技术干部; (2)配液车司机
3	连接管汇	物体(敲打榔头)打击、铁屑飞溅	(1)正确穿戴劳动防护用品; (2)人员站位正确; (3)确保工具的完好性		井下作业工
4	铺垫防污染篷布	药品残渣集中在篷布上	将药品残渣集中在篷布上		井下作业工

70. 压裂酸化压裂液配制作业工作安全分析表

编号:JSA－SYQ006

单位				
作业负责人		工作任务简述	配制压裂液	
序号	工作步骤	作业人员		
		危害描述	危害控制措施	需要的特种作业人员资质	责任人(岗位)
1	倒换配液流程	走空泵、管线憋压刺漏	专人操作,开泵前检查确认		井下作业工
2	开泵	管线刺漏	管汇连接牢靠,注意巡视,及时清理渗漏液体		配液车台上操作工
3	加添加剂	加添加剂时速度过快、配液质量不合格	控制下药速度		井下作业工

续表

单位				配制压裂液	
作业负责人					
序号	工作步骤	危害描述	危害控制措施	需要的特种作业人员资质	责任人（岗位）
4	打开搅拌器	防火罩损坏绝缘，缘不良导致操作人员触电	(1)仔细检查线路连接及设备完好性； (2)确保接地可靠； (3)配胶前打开搅拌器		井下作业工
5	液罐上倒入药品	滑倒、梯子有隐患、无防护设施和劳保用品	(1)作业前检查作业环境； (2)穿戴五点式安全带		井下作业工
6	洗车停泵	堵塞漏斗管线，药品残渣撒落	将管线内药品冲洗干净		配液车台上操作工
7	拆卸配液管汇	物体（敲打榔头）打击、铁屑飞溅	(1)正确穿戴劳动防护用品； (2)操作人员正确站位； (3)操作前检查工具、确保完好		井下作业工

71. 压裂酸化酸液配制作业工作安全分析表

编号：JSA－SYQ007

单位				配制酸液	
作业负责人					高处作业证
序号	工作步骤	危害描述	危害控制措施	需要的特种作业人员资质	责任人（岗位）
1	检查酸罐	罐体损坏、闸阀损坏	认真检查，及时维护，标识停用		井下作业工
2	连接配液管汇	物体（敲打榔头）打击、铁屑飞溅	(1)佩戴劳动防护用品； (2)人员正确站位； (3)确保工具的完好性		井下作业工
3	连接泵电源	漏电	使用电笔，穿戴绝缘手套		井下作业工

续表

单位			配制酸液		
作业负责人					高处作业证
序号	工作步骤	工作任务简述	危害控制措施	需要的特种作业人员资质	责任人(岗位)
		作业人员			
		危害描述			
4	检漏	液体渗漏	逐一检查确保无渗漏		井下作业工
5	更换标液管	罐护栏护损坏、高处坠落	(1)加强检查； (2)及时维修； (3)高空作业应系五点式安全带； (4)监护作业		井下作业工
6	配制酸液	酸液飞溅伤人 酸液泄漏污染环境	(1)加强劳动防护； (2)正确处理化学药品； (3)按照操作规程操作		井下作业工
7	拆卸配酸设备	物体(敲打榔头)打击、铁屑飞溅	(1)加强劳动防护； (2)按照操作规程操作		井下作业工

72. 压裂酸化安装砂罐刀闸作业工作安全分析表

编号：JSA－SYQ008

单位			安装砂罐刀闸		
作业负责人					
序号	工作步骤	工作任务简述	危害控制措施	需要的特种作业人员资质	责任人(岗位)
		作业人员			
		危害描述			
1	放下刀闸	刀闸放下过快伤人	操作人员站位正确，相互配合		井下作业工
2	安装刀闸	刀闸滑落伤人	操作人员扶稳刀闸，相互配合		井下作业工
3	安装万向节	操作不当伤手手臂	操作人员禁止将手放在连接处		井下作业工
4	安装导流筒	尖锐部位伤人	(1)正确穿戴劳保用品； (2)严格遵守操作规程		井下作业工

73. 压裂酸化高低压管汇连接作业工作安全分析表

编号:JSA-SYQ009

单位					
作业负责人			工作任务简述	高低压管汇连接	
序号	工作步骤	作业人员 危害描述	危害控制措施	需要的特种作业人员资质	责任人(岗位)
1	吊卸管汇,检查管汇及密封填料	(1)管汇摆动,坠落伤人; (2)吊具损坏	(1)充分做好起吊前的准备工作; (2)起重工规范操作; (3)指挥信号工指挥信号准确; (4)使用完好的管线及密封填料	起重机械操作(司机、司索、指挥)证	(1)起重工; (2)司索工; (3)指挥信号工; (4)井下作业工
2	连接井口,连接主管线,连接高低压管汇及阀件	(1)操作人员滑跌、坠落受伤; (2)管线摆动	(1)作业前检查作业环境、工具,确保工器具的完好性; (2)穿戴五点式安全带; (3)人员正确站位,离开工具、管线运动方向		井下作业工
3	缠绕吊带	吊带结与吊带结之间没有拉紧	使用无毛刺吊带,在每个活接头两边打结,将结与结之间拉紧		(1)特种车司机; (2)特种车台上操作工; (3)井下作业工
4	连接信号网络	连接不正确,信号线悬空,接头进水	正确连接网络线,线路落地并遮盖好接头部位		(1)特种车司机; (2)特种车台上操作工; (3)仪表工
5	低压流程试压	闸门倒换不正确,连接不牢靠,液体渗漏	正确倒换闸门,确保连接牢靠		(1)特种车司机; (2)特种车台上操作工; (3)井下作业工
6	标示流程	标示不完整,摆放位置不正确	按照施工要求标示并摆放到合理位置		(1)特种车司机; (2)特种车台上操作工; (3)井下作业工

74. 酸化施工工作安全分析表

编号:JSA – SYQ010

单位		工作任务简述	酸化施工		
作业负责人		作业人员		需要的特种作业人员资质	责任人(岗位)
序号	工作步骤	危害描述	危害控制措施		
1	车辆摆放	车辆伤害	(1)由专人负责指挥; (2)混砂车和酸罐保持安全距离		带队干部
2	连接管线	(1)物体打击; (2)灼伤	(1)人员敲击作业时戴护目镜,配合操作; (2)操作人员穿戴防酸工作服和防酸手套; (3)管线与酸罐连接时不能用力敲打活接头		带队干部
3	冲管线、试压	物体打击	(1)开关闸门时人员站在侧面; (2)冲管线前检查井口闸门; (3)试压时任何人员不得进入高压区		带队干部
4	酸化施工	(1)灼伤; (2)物体打击	(1)上液管线连接加装密封胶皮; (2)用工具探液面,不得将头伸入酸罐内查看; (3)佩戴防酸面具和防酸手套; (4)隔离高压区		(1)操作工; (2)带队干部
5	拆卸管线	(1)物体打击; (2)灼伤	(1)泄压后,才能卸高压管线; (2)使用榔头时佩戴好护目镜; (3)关闭酸罐闸门; (4)穿好防酸服,戴护目镜		操作工

75. 二氧化碳泡沫压裂工作安全分析表

编号：JSA-SYQ011

单位		工作任务简述	二氧化碳泡沫压裂		
作业负责人		作业人员		需要的特种作业人员资质	责任人（岗位）
序号	工作步骤	危害描述	危害控制措施		
1	车辆摆放	车辆伤害	由专人负责指挥		操作工
2	连接管线	物体打击	敲击作业时人员戴护目镜		操作工
3	试压	物体打击	高压区严禁站人		操作工
4	冷却	(1)物体打击；(2)冻伤	(1)无关人员不得进入循环冷却作业区域；(2)佩戴棉手套操作设备		操作工
5	压裂	物体打击	(1)高压区严禁站人；(2)泵车驾驶室不得坐人，操作工检查大泵时保持安全距离		操作工
6	排放残液	窒息	(1)及时检测氧气浓度；(2)控制排放量		操作工
7	泄压、拆卸管线	物体打击	(1)泄压后拆管线；(2)使用榔头敲击作业时戴好护目镜		操作工

76. 连续油管设备安装(拆卸)吊装作业工作安全分析表

编号:JSA-SYQ012

单位				
作业负责人				
	工作任务简述	吊装连续油管注入头、防喷管、防喷器、防喷盒等设施		
	作业人员		需要的特种作业人员资质	起重机械操作(司机、指挥、司索)证
序号	工作步骤	危害描述	危害控制措施	责任人(岗位)
1	吊车就位,打千斤腿	(1)车辆伤害; (2)下陷倾覆; (3)砸伤	(1)倒车专人指挥; (2)选择地基坚实的地方,千斤顶下面垫钢板; (3)抬垫钢板两人协调配合	(1)起重工; (2)指挥信号工
2	设备警戒	防止其他设备擦刮、碰撞	采用警示牌、警示带进行施工区域警戒	司索工
3	挂绳套,试吊	(1)失衡倾覆; (2)夹手	(1)把吊物(注入头、防喷管等)挂平衡,吊物不与其他固定物连接; (2)专人指挥,不要把手放在吊索与吊物之间	司索工
4	起吊移动吊物	(1)吊物坠落砸伤人; (2)吊物游动碰伤人或物; (3)牵引绳捆绑不牢滑落,无法牵引吊物,损坏设备	(1)起吊物捆绑牢靠,无零散物; (2)牵引绳捆绑牢靠,确保高空吊绳牵控; (3)大作吊物,必须使用双牵引绳进行牵引; (4)吊物下,吊臂下及吊车旋转半径内严禁站人; (5)由专人进行指挥吊装作业	(1)起重工; (2)指挥信号工
5	放置吊物,取吊具(取绳套)	(1)压伤、夹伤; (2)压损密封件; (3)地基下沉; (4)绳套打扭伤人	(1)吊物低位手扶时,肢体保持安全距离; (2)有足够空间,同时地基扎实; (3)摆放位置,清理干净无杂物; (4)吊索松弛后,用工具摘绳套	(1)起重工; (2)指挥信号工; (3)司索工
6	收整场地	收回千斤腿、吊钩时伤人	(1)收回千斤腿、吊钩时,提醒周围人员与移动物保持一定距离; (2)收回钢丝绳时,吊钩需两人配合	司索工

77. 连续油管工具房吊装作业工作安全分析表

编号:JSA-SYQ013

单位		工作任务简述	吊装工具房作业		
作业负责人		作业人员		需要的特种作业人员资质	起重机械操作(司机、指挥、司索)证
序号	工作步骤	危害描述	危害控制措施	需要的特种作业人员资质	责任人(岗位)
1	打千斤腿	(1)车辆伤害; (2)下陷倾覆; (3)砸伤人	(1)倒车由专人指挥; (2)选择地基坚实的地方,千斤顶下面垫钢板; (3)抬垫钢板两人协调配合		(1)起重工; (2)指挥信号工
2	设备警戒	防止其他设备擦刮、碰撞	采用警示牌、警示带把施工区域警戒		司索工
3	起吊工具房	(1)工具房坠落砸伤人; (2)工具房游动碰伤人、物; (3)牵引绳绑捆不牢滑落,无法牵引吊物,伤设备	(1)吊索指定勾吊工具房吊点; (2)使用双索引绳捆绑牵牢,确保工具房受控; (3)吊物下、吊臂下及吊车转半径内,严禁站人; (4)由专人指挥吊装作业		(1)起重工; (2)指挥信号工
4	放置工具房	(1)压伤人、夹伤人; (2)擦碰其他设施; (3)地基下沉	(1)吊物低位手扶时,肢体保持安全距离; (2)有足够空间,同时地基扎实; (3)摆放位置,提前清理干净无杂物; (4)放置吊物周围需与移动物品保持一定距离		(1)起重工; (2)指挥信号工
5	取吊具(取绳套)	绳套打扭伤人	吊索松弛后,用工具摘绳套		司索工
6	收整场地	收回千斤腿,吊钩时伤人	(1)收回千斤腿,吊钩时,提醒周动人员与移动物品保持一定距离; (2)收回钢板需两人配合		司索工

78. 连续油管设备井口试压作业工作安全分析表

编号:JSA-SYQ014

单位		工作任务简述	连续油管注入头、防喷器等井口设备试压	需要的特种作业人员资质	连续油管注入头、防喷器等井口设备试压	高处作业证
作业负责人		作业人员	危害描述		危害控制措施	责任人(岗位)
序号	工作步骤					
1	连接流程		(1)工具伤人； (2)作业人员高处坠落受伤； (3)施工流程安装有误，造成人员伤亡、设备损坏		(1)高于2m,必须正确穿戴"五点式"保险带； (2)正确运用工具,防止伤人； (3)高压管汇采用吊带进行正确吊绳绑 (4)根据施工设计,正确安装施工流程	井口工
2	清点流程		(1)工具伤人； (2)倒换闸门,伤人、损坏设备		(1)正确使用工具(撬杠),防止伤人； (2)闸门倒换正确,防止伤人、损坏设备	技术员
3	关防喷盒胶芯		防喷盒胶芯压力供给不足,伤人、损坏设备		根据本井实际试压值,科学的进行供给防喷盒胶芯压力	操作工
4	试压		(1)管线刺漏,伤人、损坏设备； (2)防封盒刺漏,伤人、损坏设备		(1)采用台阶式进行试压作业； (2)试压区域,严禁非工作人员入内； (3)一旦管线刺漏,立即泄压,进行整改	(1)操作工, (2)技术员
5	稳压		(1)管线刺漏,伤人、损坏设备； (2)防封盒刺漏,伤人、损坏设备		(1)试压区域,严禁非工作人员入内； (2)一旦管线刺漏,立即泄压,进行整改	(1)操作工, (2)技术员
6	泄压		(1)管线摆动,伤人、损坏设备； (2)不使用流程泄压		(1)使用流程进行正向泄压； (2)使用针阀进行缓慢泄压,防止管线摆动； (3)禁止使用平板阀进行泄压作业	(1)操作工, (2)技术员

— 75 —

79. 连续油管施工作业工作安全分析表

编号:JSA – SYQ015

单位			连续油管工作作业		
作业负责人					
序号	工作步骤	工作任务简述		需要的特种作业人员资质	责任人(岗位)
		作业人员	危害描述		
			危害控制措施		
1	开井		(1)站位错误,姿势不对,伤人; (2)开阀顺序不对,伤人、损坏设备; (3)开阀不到位,损坏设备	(1)选择正确的位置站立,不正对阀门站立; (2)熟悉不同流程及阀门的打开顺序; (3)了解不同阀门的工作原理		井口工
2	下放连续油管		(1)下放连续油管速度过快,损坏设备; (2)连续油管指重表出现问题,伤人,损坏设备; (3)井口巡查不到位,损坏设备,伤人; (4)设备运转中,巡查不仔细,损坏设备,伤人	(1)严格按照操作规程进行操作; (2)按照保养周期,实时对台上压力表等进行校验; (3)设备运转过程中,不间断地巡查井口、液压系统运转是否正常		(1)井口工; (2)操作工
3	连续油管施工		(1)超压,伤人,损坏设备; (2)连续油管出现破(断)裂,伤人,损坏设备; (3)防喷管、连接管等连接部位出现刺漏,损坏设备,伤人	(1)严格按照本井施工设计进行作业; (2)安装设备时,必须更换新的密封胶芯; (3)出现紧急情况,严格按照本井应急预案执行		(1)井口工; (2)操作工
4	上提连续油管		(1)地面高高压管线穿孔(断裂)伤人、物; (2)连续油管高压下,穿孔,裂伤人、物; (3)连续油管上提过程中,断裂(穿孔、破裂)伤人、物; (4)防喷盒胶芯刺漏,防喷管连接部位滴漏伤人、物	(1)按时按要求保养连续油管设备,并达标; (2)实时静、动态监测连续油管使用情况,有效防止断裂(穿孔、破裂); (3)防喷盒、防喷管出现刺漏、滴漏现象,查明原因,及时整改或更换相应密封装置; (4)连续油管注入头、滚筒等部件出现异响,立即栓住井口,再维护; (5)高压区,连续油管注入头与车载滚筒之间的连续油管,周围严禁站人		(1)井口工; (2)操作工

续表

单位		连续油管施工作业		
作业负责人		工作任务简述		
		作业人员	需要的特种作业人员资质	责任人(岗位)
序号	工作步骤	危害描述	危害控制措施	
5	关井	井口阀门飞出，伤人，损坏设备；刺漏	(1) 选择正确的位置站立，不正对阀门站立； (2) 熟悉不同流程，阀门不到位，阀门被 关闭顺序	井口工

80. 机械加工设备焊接作业工作安全分析表

编号：JSA－SYQ016

单位		机械加工设备焊接		
作业负责人		工作任务简述		焊接与热切割作业证
		作业人员	需要的特种作业人员资质	责任人(岗位)
序号	工作步骤	危害描述	危害控制措施	
1	焊接设备准备	触电、电器短路起火	(1) 电焊把接线接触良好，绝缘是否良好； (2) 电焊机的外壳完好，合闸前应检查焊机接地线	电焊工
2	防护用品准备	划伤、刺伤	(1) 对焊接场地周围清理易燃易爆品； (2) 准备灭火器，标示清晰，防护用品完好	电焊工
3	气瓶准备	爆炸火灾	(1) 遵守搬运气瓶规定，氧气、乙炔气瓶距离10m； (2) 检查瓶阀、减压阀及胶管	电焊工
4	焊接	弧光伤害、烫伤、火灾	(1) 使用符合要求的防护用品； (2) 严格按照操作规程作业； (3) 登高作业应配备安全带	电焊工
5	结束焊接	触电	关闭焊机，切断电源，检查作业现场是否留有火种	电焊工
6	清理现场	烫伤、火灾	(1) 物理降温，关闭气瓶阀门； (2) 对焊接场地进行清理清扫，确保安全方可离开	电焊工

81. 油田化学 RS6000 流变仪操作工作安全分析表

编号:JSA-SYQ017

单位		工作任务简述	操作 RS6000 流变仪	
作业负责人		作业人员	需要的特种作业人员资质	责任人(岗位)
序号	工作步骤	危害描述	危害控制措施	
1	放入试样	烫伤,损坏设备	(1)取测试样人样品杯,旋紧杯盖,放入加热套中固定; (2)需带高温防护手套进行操作	(1)技师; (2)检验员
2	仪器运行	损坏设备	确认测试单元盖锁紧之后再开启运行	(1)技师; (2)检验员
3	仪器故障	伤人,损坏设备	关闭电源再通电,重新设置运行,如不能运行,请专业人员维修	(1)技师; (2)检验员
4	测试完毕	烫伤,损坏设备	待加热套温度降至不大于40℃后,加热降至最低点,旋转90°~180°,取下样品杯,转子、磁力环,洗净擦干放回包装盒,手动回位加热套	(1)技师; (2)检验员

82. 油田化学电动搅拌器操作工作安全分析表

编号:JSA-SYQ018

单位		工作任务简述	操作电动搅拌器	
作业负责人		作业人员	需要的特种作业人员资质	责任人(岗位)
序号	工作步骤	危害描述	危害控制措施	
1	运转前检查	损坏设备	(1)检查电压、电源是否符合要求; (2)确保搅拌棒安装到位,检查锁母是否旋紧,叶片是否转动灵活	(1)技师; (2)检验员; (3)试验工
2	放置装液容器	划伤,损坏设备	(1)装液容器下面垫防滑毛巾; (2)调整搅拌棒在溶液中的工作深度	(1)技师; (2)检验员; (3)试验工

续表

操作电动搅拌器

单位				
作业负责人				
	工作任务简述			
	作业人员			
序号	工作步骤	危害描述	危害控制措施	需要的特种作业人员资质	责任人（岗位）
3	操作搅拌器	伤人、设备受损	(1) 严格按照操作规程执行； (2) 女员工将头发固定好； (3) 仪器运行时操作人员严禁离开实验室		(1) 技师； (2) 检验员； (3) 试验工
4	运行完毕	划伤	将转速调到最小位置，待觉拌停止转动后再关闭电源开关，切断电源		(1) 技师； (2) 检验员； (3) 试验工

83. 油田化学离心机操作工作安全分析表

操作离心机

单位				
作业负责人				
	工作任务简述			
	作业人员			
序号	工作步骤	危害描述	危害控制措施	需要的特种作业人员资质	责任人（岗位）
1	运转前检查	漏电、损坏设备	(1) 检查电压、电源是否符合要求； (2) 确保转作安装到位，检查固定转盘的锁母是否旋紧		(1) 技师； (2) 检验员； (3) 试验工
2	放入试样	伤人、损坏设备	(1) 检查分离物与旋转作及试管于相应的化学相容性； (2) 将试样配平，对称放置于离心筒或搁架内，严禁在不平衡量大于或等于3g状态下运转； (3) 试样液面不得超出"最大使用容量"的刻线		(1) 技师； (2) 检验员； (3) 试验工
3	仪器运行	夹手、损坏设备	务必确认顶盖锁紧之后再开启运行		(1) 技师； (2) 检验员； (3) 试验工
4	离心完毕	夹手、损坏设备	等速度降到0r/min之后再开启顶盖		(1) 技师； (2) 检验员； (3) 试验工

编号：JSA－SYQ019

84. 加砂压裂现场液体检测作业工作安全分析表

编号:JSA－SYQ020

单位		工作任务简述	加砂井现场液体检测与施工		
作业负责人		作业人员		需要的特种作业人员资质	高处作业证
序号	工作步骤	危害描述	危害控制措施		责任人(岗位)
1	攀爬液罐	失手摔下或被硬物碰撞	(1)系好安全带； (2)劳保穿戴整齐,攀爬时握紧梯子扶手		(1)检验员； (2)试验工
2	取样	坠落、跌滑	(1)穿戴好劳保用品； (2)系好安全绳； (3)观察确认安全后才可通过		(1)检验员； (2)试验工
3	现场液体检测	触电、烫伤	(1)安全连接电源； (2)禁止直接触摸高温液体		(1)检验员； (2)试验工
4	混砂车上添加药品	粉尘、噪音	佩戴防尘口罩、防护镜和手套、防噪音耳塞或耳机		(1)检验员； (2)试验工

85. 油田化学实验室酸液配制作业工作安全分析表

编号：JSA-SYQ021

单位		工作任务简述	实验室酸液配制		
作业负责人		作业人员		需要的特种作业人员资质	责任人（岗位）
序号	工作步骤	危害描述	危害控制措施		
1	取浓盐酸	飞溅灼伤，刺激嗅觉	(1) 开启实验室的通风橱和门窗； (2) 取酸液时动作轻缓，取完后立即盖好酸液容器； (3) 酸液溅到皮肤或眼睛后，应立即用大量清水进行清洗		(1) 技师； (2) 检验员； (3) 试验工
2	配酸	酸液泄漏（酸雾）	(1) 佩戴防毒面具、橡胶手套和护目镜； (2) 在实验室通风橱内操作； (3) 配酸时动作轻缓，配好后立即将表面皿将盛酸容器盖好； (4) 化学品或酸液溅到皮肤或眼睛后，应立即用大量清水进行清洗		(1) 技师； (2) 检验员； (3) 试验工
3	残酸处理	污染环境	将残酸处理为中性，倒入废液桶		(1) 技师； (2) 检验员； (3) 试验工
4	清洗玻璃器皿	破碎划伤	动作轻缓，规范操作		(1) 技师； (2) 检验员； (3) 试验工

86. 连续油管冲砂工作安全分析表

编号:JSA-SYQ022

单位		工作任务简述	连续油管冲砂		
作业负责人		作业人员		需要的特种作业人员资质	吊装操作证、吊装司索证
序号	工作步骤	危害描述	危害控制措施		责任人(岗位)
1	设备安装	(1)高处坠落；(2)起重伤害；(3)物体打击	(1)安装井口法兰人员系好安全带，挂好速查自控器；(2)检查吊索；(3)注人头拴好牵引绳；(4)注人头运转时不得用手触摸检查；(5)拉油管前，检查油管卡子；(6)试压时，人员远离高压区		带队干部
2	下连续油管	物体打击	(1)按要求控制下管速度；(2)每下200m，要对注人头链条进行润滑		操作工
3	冲砂	中毒	(1)持续进行有毒有害气体检测；(2)通过节流放喷管线进行放喷点火；(3)现场有应急预案		带队干部
4	起连续油管	物体打击	按要求控制起钻速度		操作工
5	设备拆卸	起重伤害	(1)检查吊索；(2)注人头拴好牵引绳		(1)带队干部；(2)操作工

87. 完井后更换针（闸）阀工作安全分析表

编号：JSA-SYQ023

单位		工作任务简述	完井后更换针（闸）阀	
作业负责人		作业人员	需要的特种作业人员资质	起重操作证、起重指挥证
序号	工作步骤	危害描述	危害控制措施	责任人（岗位）
1	关井泄压	(1) 高压伤害； (2) 中毒； (3) 火灾	(1) 人员站在闸门侧面操作，平稳开关井口闸门； (2) 高压区进行警示隔离，非工作人员严禁进入； (3) 进行有毒有害气体检测； (4) 作业时严禁烟火和拨打手机； (5) 严禁使用非防爆工具进行敲击作业	(1) 作业工； (2) 技术员
2	拆卸刺漏针（闸）阀	(1) 车辆伤害； (2) 起重伤害； (3) 物体打击	(1) 移动车辆由专人指挥； (2) 吊开针阀时司机操作平稳； (3) 检查吊索，吊物拴好引绳； (4) 严禁人员处于吊物下方； (5) 拆卸针阀严禁在未拴好吊绳时将螺栓全部拆卸完，防止针阀滑脱伤人	(1) 司钻； (2) 吊车司机
3	安装新针（闸）阀	(1) 起重伤害； (2) 物体打击	(1) 严禁人员处于吊物下方； (2) 吊物栓引绳； (3) 作业人员站位合理； (4) 正确使用工具，平稳操作	司钻
4	试压	高压伤害	(1) 人员站在闸门侧面，平稳开关井口闸门； (2) 试压时操作人员应远离高压区域	技术员

88. 卸油管工作安全分析表

编号:JSA–SYQ024

单位				卸油管	
作业负责人		工作任务简述			
		作业人员		需要的特种作业人员资质	责任人(岗位)
序号	工作步骤	危害描述	危害控制措施	起重操作证、起重指挥证	
1	吊车就位,打支腿	车辆伤害	(1)移动车辆前驾驶人员观察好车辆周围的场地情况; (2)移动车辆时由专人指挥,控制车速;人员不得站在支腿伸出行程内; (3)支腿基础不平靠时必须垫枕木或钢板		驻井干部
2	搭油管桥、准备吊索、吊具	(1)跌倒; (2)物体打击; (3)吊索断或毛刺伤人	(1)搭设油管桥时注意井场走注,防止人员跌倒; (2)搭设油管桥时作业人员相互配合,防止油管滑脱砸伤人员; (3)选择19mm钢丝绳吊索,检查钢丝绳不得有断股,不符合要求必须更换		司钻
3	捆绑与试吊	(1)滑伤害; (2)落物伤人; (3)吊车倾翻	(1)作业人员上下运输车要抓牢、抓稳,严禁直接从车上跳下; (2)拴挂钢丝绳时正确使用卸扣,挂好吊索和牵引绳后,运输车上人员立即下到地面,作业人员站到吊臂旋转半径外,站位不能处于正对吊臂前方; (3)试吊时吊车司机鸣笛,控制试吊高度,高度不能超过20cm,确认地基车固方可起吊		司钻
4	起吊、移动、下放油管	(1)起重伤害; (2)物体打击; (3)挤压、滚动伤害	(1)作业人员站在吊臂旋转半径外; (2)两人对角用牵引绳控制油管就位作业,注意控制绳长度,人站在吊臂旋转半径外,站位不能处于正对吊臂前方; (3)取卸扣时采用撬杠固定油管,防止油管滚动伤人		司钻
5	排列油管	物体打击	(1)使用油管钩排列油管,防止油管挤压伤人; (2)严禁用肢体代替工具,如用脚蹬油管		作业工

89. 常压起井内大直径钻具工作安全分析表

编号:JSA-SYQ025

带压起井内大直径钻具

单位	工作任务简述		带压起井内大直径钻具		
作业负责人	作业人员			需要的特种作业人员资质	司钻操作证、登高作业证
序号	工作步骤	危害描述	危害控制措施		责任人（岗位）
1	试举油管	(1) 物体打击； (2) 高处坠落； (3) 中毒	(1) 平衡压力前打开平衡阀； (2) 高空作业时使用的工具必须挂尾绳； (3) 人员上下装置必须系安全带，走速差自控器； (4) 检查装置护栏、踏板； (5) 施工过程中进行气体检测； (6) 施工前对井口装置及防喷器进行试压		(1) 司钻； (2) 副司钻； (3) 作业工； (4) 技术员
2	关闭工作闸板防喷器，泄压，开环形防喷器	(1) 高处坠落； (2) 物体打击； (3) 中毒	(1) 上下装置人员必须系安全带，走速差自控器； (2) 检查装置护栏、踏板； (3) 高空作业使用的工具必须挂尾绳，并将尾绳固定在可靠挂点； (4) 平衡压力前对装置确认打开平衡阀； (5) 施工前对装置防喷器进行试压； (6) 施工过程中进行气体检测		(1) 副司钻； (2) 司钻； (3) 技术员； (4) 作业工
3	举升、起出大直径钻具，关环形防喷器，平衡压力	(1) 高处坠落； (2) 物体打击； (3) 中毒； (4) 火灾	(1) 上下装置人员必须系安全带，走速差自控器； (2) 检查装置护栏、踏板； (3) 高空作业使用的工具必须挂尾绳，并将尾绳固定在可靠挂点； (4) 平衡压力前对装置确认打开平衡阀； (5) 施工前对装置防喷器进行试压； (6) 施工过程中进行气体检测； (7) 用井内天然气将装置腔内空气全部置换出		(1) 司钻； (2) 副司钻； (3) 技术员； (4) 作业工

90. 作业机配合带压装置下油管工作安全分析表

编号:JSA－SYQ026

单位		作业机配合带压装置下油管		
作业负责人				司钻操作证
工作任务简述	作业机配合带压装置下油管			
	作业人员		需要的特种作业人员资质	司钻操作证
序号	工作步骤	危害描述	危害控制措施	责任人(岗位)
1	上提地面油管放入鼠洞	起重伤害	作业前检查液压绞车提升系统	司钻
2	上提鼠洞内油管	起重伤害	(1) 作业前对滚筒刹车系统进行检查; (2) 检查提升大绳,确保大绳符合使用要求	司钻
3	上扣	机械伤害	检查液压钳及尾绳	司钻
4	下放油管	起重伤害	(1) 下放油管前打开所有卡瓦; (2) 下放油管后关闭所有卡瓦; (3) 卡瓦压力不小于 500psi[①]	司钻

① 1psi＝6894.76Pa。

91. 洗井、试压工作安全分析表

编号:JSA－SYQ027

单位		洗井、试压		
作业负责人				
工作任务简述				
	作业人员		需要的特种作业人员资质	
序号	工作步骤	危害描述	危害控制措施	责任人(岗位)
1	摆放车辆	车辆伤害	专人指挥	(1) 司机; (2) 安全员
2	接管线、加化工料	(1) 物体打击; (2) 高处坠落; (3) 中毒、灼伤	(1) 敲击榔头时佩戴好护目镜; (2) 严禁来回跨越大罐; (3) 加化工料时佩戴护目镜、口罩; (4) 开启化工料大桶缓慢泄压	(1) 司钻; (2) 技术员

续表

洗井、试压

单位				
作业负责人				
序号	工作步骤	作业人员		
		危害描述	危害控制措施	需要的特种作业人员资质	责任人(岗位)
3	倒闸门、洗井	物体打击	(1)人员不能正对闸门； (2)高压管线拴好保险绳		(1)操作工； (2)技术员
4	试压	物体打击	(1)井口螺栓要对角依次上紧,确保不刺不漏； (2)安装压力缓冲短节,试压时人员远离高压区； (3)泄压时,人员要站在闸门的侧面,缓慢开闸门,地面管线固定牢靠,严禁使用软管线		(1)操作工； (2)技术员

92. 替油压井工作安全分析表

编号:JSA-SYQ028

替油压井

单位				
作业负责人				
序号	工作步骤	作业人员	危害描述	危害控制措施	需要的特种作业人员资质	责任人(岗位)
1	摆放车辆	车辆伤害	(1)现场专人指挥； (2)泵车摆放在距井口20m以外的上风方向		驾驶员
2	连接管线	物体打击	作业人员砸管线拴好保险绳,车辆使用防火罩		操作工
3	替油	(1)火灾； (2)物体打击	(1)准备好消防器材,车辆使用防火罩； (2)安排2人背正压式空气呼吸器进行不间断检测气体浓度； (3)在替油管出口处使用鼓风机； (4)高压管线拴好保险绳； (5)出液管线固定牢靠； (6)人员远离高压区域		(1)司钻； (2)技术员； (3)操作工
4	拆卸管线	物体打击	(1)砸管线必须戴护目镜； (2)专人指挥车辆		车辆操作工

93. 打电缆桥塞工作安全分析表

编号:JSA-SYQ029

单位				
作业负责人		工作任务简述	打电缆桥塞	
		作业人员	需要的特种作业人员资质	责任人(岗位)
				司钻操作证
序号	工作步骤	危害描述	危害控制措施	
1	摆放车辆	车辆伤害	倒车时,专人指挥	司钻
2	起吊滑轮	(1)物体打击; (2)中毒	(1)严格控制上提速度,上提至要求高度; (2)上提到位后,拉好刹把,打好死刹; (3)检查有无有毒气体,直至打桥塞完成	(1)司钻; (2)作业人员
3	打电缆桥塞	(1)机械伤害; (2)井涌、井喷	(1)用彩带隔离作业区域,专人值班; (2)井口准备好断丝钳,必要时剪断电缆; (3)专人坐岗观察	测井站人员
4	下放滑轮	物体打击	(1)严格控制上提速度,上提至要求高度; (2)上提到位后,拉好刹把,打好死刹	测井站人员

94. 处理封隔器卡钻工作安全分析表

编号:JSA-SYQ030

单位				
作业负责人		工作任务简述	处理封隔器卡钻	
		作业人员	需要的特种作业人员资质	责任人(岗位)
				司钻操作证
序号	工作步骤	危害描述	危害控制措施	
1	车辆摆放	车辆伤害	摆放车辆时专人指挥	驾驶员
2	连接管线、反冲	物体打击	(1)作业人员砸活接头时戴护目镜; (2)倒闸门人员不能正对闸门; (3)高压管线栓好保险绳	作业人员

续表

处理封隔器卡钻

单位				
作业负责人				
序号	工作步骤	危害描述	危害控制措施	需要的特种作业人员资质	责任人（岗位）

工作任务简述：作业人员

序号	工作步骤	危害描述	危害控制措施	需要的特种作业人员资质	责任人（岗位）
3	上下活动钻具	物体打击	(1)上提制具拉力控制在允许范围； (2)安排专人观察绷绳坑,井架基础坑		司钻操作证 / (1)司钻；(2)技术员
4	倒扣	物体打击	检查好工具,打好三把管钳,人员配合得当		(1)司钻；(2)作业人员；(3)技术员

95. 带压拆采气树工作安全分析表

编号：JSA－SYQ031

带压拆采气树

单位				
作业负责人				

工作任务简述：作业人员

序号	工作步骤	危害描述	危害控制措施	需要的特种作业人员资质	责任人（岗位）
1	检测油管悬挂器的密封性	(1)物体打击；(2)中毒	(1)人员避开采气树测试阀气流方向； (2)检测有毒有害气体	起重操作证,吊装指挥证,司钻操作证	技术员
2	摆放吊车	车辆伤害	车辆移动安排专人指挥		司钻
3	拆卸采气树	机械伤害	正确使用工具		司钻
4	吊采气树	起重伤害	(1)作业安排专人指挥； (2)起吊前,检查绳套并使用合格绳套； (3)严禁人员站在吊臂旋转范围内		司钻

— 89 —

96. 电缆传输高能气体爆燃压裂工作安全分析表

编号：JSA-SYQ032

单位		工作任务简述	电缆传输高能气体爆燃压裂		
作业负责人		作业人员	危害控制措施	需要的特种作业人员资质	爆破工程技术人员安全作业证
序号	工作步骤	危害描述	危害控制措施		责任人（岗位）
1	穿电缆	物体打击	(1) 天滑轮悬挂牢靠； (2) 打好通井机滚筒刹死刹，行走死刹剂		作业人员
2	测定位曲线	物体打击	(1) 控制电缆下放速度； (2) 电缆快起出井口时减慢速度		作业人员
3	弹体组装	爆炸	(1) 装弹周围设置隔离区，非作业人员严禁入内； (2) 进入井场关闭手机		测试队带队干部
4	弹体入井	(1) 弹体自燃； (2) 弹体井口折断	(1) 持证专业人员抬弹至井口，轻拿轻放； (2) 压裂弹点火器接点火线前，缆芯一定要对地放电； (3) 绞车操作人员缓慢提升电缆； (4) 专人扶正井居中下放，避免撞击井口		测试队带队干部
5	爆燃	(1) 点火失败起弹自燃； (2) 提前点火； (3) 井喷、火灾、中毒	(1) 上起压裂弹前切断电源； (2) 严格控制上提速度； (3) 弹体人井后所有人员离开井口至安全地带； (4) 井口安装防喷器，选择合适的电缆芯子； (5) 井口设置电缆防上顶装置； (6) 专人坐岗及时灌注井筒，做好有毒有害气体检测工作		(1) 测试队带队干部； (2) 驻井干部； (3) 坐岗人员
6	上提电缆	(1) 物体打击； (2) 井喷、中毒	(1) 看好电缆拉力计防止拔断电缆，严禁人员靠近； (2) 电缆快起出井口时灌慢速度； (3) 专人坐岗及时灌注井筒，做好有毒有害气体检测工作		(1) 驻井干部； (2) 测试队带队干部； (3) 坐岗人员

97. 地面测试工作安全分析表

编号:JSA-SYQ033

单位					
作业负责人			工作任务简述	地面测试	
序号	工作步骤	作业人员危害描述	危害控制措施	需要的特种作业人员资质	责任人(岗位)
1	连接管线	物体打击	(1)抬管线时要相互配合,同时起落,使用榔头时不正对站位; (2)佩戴好护目镜		地面测试班班长
2	试压	(1)高处坠落; (2)高压刺漏	(1)支好脚手架,站车踩稳; (2)高压区设置隔离区; (3)试压时,确保高压区域内无人员作业		(1)地面测试班班长; (2)技术员
3	开井点火	(1)烧伤; (2)中毒	(1)点火人员站在上风方向,先点火再开闸门; (2)与开井人员做好联络,与放喷口保持安全距离; (3)检测有毒有害气体		(1)点火人; (2)地面测试班班长
4	排液测试	(1)高压刺漏; (2)管线刺漏	(1)关注压力变化,熟练掌握高压容器操作规程,禁止非专业人员操作; (2)压力表和安全阀做好联锁; (3)定期进行管线壁厚检测; (4)确保地面流程平直,正确处理冰堵	压力容器操作证	(1)地面测试班班长; (2)技术员
5	更换油嘴、孔板	(1)高压伤害; (2)物体打击; (3)中毒	(1)戴好护目镜; (2)先开启防爆风扇,使用好H_2S检测仪; (3)从旁通管线彻底泄压后,再更换油嘴、孔板		(1)地面测试班班长; (2)技术员
6	拆卸管线	物体打击	抬管线时要相互配合,同时起落,使用榔头时不正对站位		地面测试班班长

98. 试采作业工作安全分析表

编号：JSA-SYQ034

单位		工作任务简述	试采作业		
作业负责人		作业人员	危害控制措施	需要的特种作业人员资质	责任人（岗位）
序号	工作步骤	危害描述	危害控制措施	需要的特种作业人员资质	压力容器操作证
1	安装	火灾	三相分离器离井口气源和输出气燃烧火焰的距离不小于30m，井口气源离输出气燃烧火焰的距离不小于30m		操作人员
2	点火	(1)烧伤； (2)中毒	(1)点火人员站在上风方向，先点火再开闸门； (2)与开井人员做好联络，与放喷口保持安全距离； (3)检测有毒有害气体		(1)点火人； (2)地面测试班班长
3	测试	(1)高压刺漏； (2)管线刺漏	(1)关注压力变化，熟练掌握高压容器操作规程，禁止非专业人员操作； (2)压力表和安全阀检测合格； (3)定期进行管线壁厚检测； (4)确保地面流程平直，正确处理冰堵		(1)地面测试班班长； (2)技术员
4	关井	人员站位不当，导致伤害	开关闸门时，人员站立在闸门侧面		操作人员

99. 吊车移 BJ-18/50 型井架工作安全分析表

编号：JSA-SYQ035

单位		工作任务简述	吊车移 BJ-18/50 型井架		
作业负责人		作业人员		需要的特种作业人员资质	起重操作证、吊装指挥证、登高作业证
序号	工作步骤	危害描述	危害控制措施		责任人（岗位）
1	摆放吊车	车辆伤害	吊车移动时专人指挥		(1) 吊装指挥； (2) 吊车操作人员
2	挂绳套	高处坠落	(1) 登高人员使用速差自控器、安全带； (2) 现场专人指挥，人员回到地面后，吊车操作人员方可进行操作； (3) 作业人员和吊车司机保持有效沟通		(1) 登高人员； (2) 吊车操作人员
3	放井架	起重伤害	(1) 使井架接近90°时，再开始卸后绷绳； (2) 放井架时，吊臂及井架下严禁站人； (3) 起吊过程中，专人指挥； (4) 当起吊张力超过12t时，停止起吊并清理其他连接物品，再次试吊，禁止超负荷吊装		(1) 作业人员； (2) 登高人员； (3) 吊装指挥； (4) 吊车操作人员
4	立井架	起重伤害	(1) 摆基础时检查吊索； (2) 移井架时拴好牵引绳，用榔头砸销子时，必须戴好护目镜； (3) 吊车停在合适的位置，支腿选择坚硬的地基，垫好钢板或枕木		吊装指挥
5	取吊索	高处坠落	(1) 现场专人指挥； (2) 登高之前需卡好所有井架绷绳绳卡； (3) 上井架时使用好速差自控器、安全带		(1) 司钻； (2) 登高人员

100. 井控装置车间试压工作安全分析表

编号:JSA-SYQ036

单位		工作任务简述	井控装置试压		
作业负责人		作业人员		需要的特种作业人员资质	压力容器操作证
序号	工作步骤	危害描述	危害控制措施		责任人(岗位)
1	开启设备	触电	(1)检查各连接部位是否牢靠; (2)作业前检查电气线路是否完好有效		试压员
2	输入数据	触电	(1)操作人员必须持证上岗; (2)作业前检查电气线路		试压员
3	打压	物体打击	(1)升压缓慢,低压正常后再打高压; (2)作业区域隔离(试压房、试压坑); (3)控制区与高压区隔离,采用远程控制; (4)确保安全阀完整有效		工具工
4	稳压	物体打击	(1)用监控器观察稳压状态; (2)需要近距离观察时,必须泄压后才能进行观察		工具工
5	泄压	物体打击	压力未泄完前,不得进入高压区		工具工

101. 吊车配合下潜水泵工作安全分析表

编号：JSA-SYQ037

单位		工作任务简述	吊车配合下潜水泵		
作业负责人		作业人员		需要的特种作业人员资质	起重操作证、起重指挥证
序号	工作步骤	危害描述	危害控制措施		责任人（岗位）
1	摆放吊车	车辆伤害	移动车辆时专人指挥		司钻
2	下潜水泵	(1) 起重伤害； (2) 机械伤害	(1) 有专人指挥； (2) 检查吊索，吊车位置摆放合理； (3) 吊车千斤支腿垫好钢板或枕木； (4) 连接油管时打好底钳； (5) 使用安全吊卡卡销子		(1) 司钻； (2) 作业人员； (3) 吊车操作人员
3	连接水管线	机械伤害	正确使用工具		作业人员
4	连接电线	触电	(1) 连接电缆线时断开配电箱总开关； (2) 电缆线接头符合要求； (3) 按照要求将电缆线架空或埋深		大班司机

102. 安装 XJ550 型修井机钻台（折叠式）工作安全分析表

编号：JSA－SYQ038

单位						
作业负责人					起重操作证、起重指挥证	
序号	工作步骤	工作任务简述		需要的特种作业人员资质		责任人（岗位）
		作业人员	危害描述	危害控制措施		
		安装 XJ550 型修井机钻台（折叠式）				
1	拆采气井口		(1) 物体打击； (2) 车辆伤害； (3) 起重伤害	(1) 拆井口前检查1#闸门密封性； (2) 开关闸门时人员站在手轮侧面； (3) 移动车辆前驾驶人员观察好车辆周围的场地情况，移动时专人指挥； (4) 检查吊索； (5) 拆闸阀时人员站在闸门侧面		司钻
2	垫钻台基础、安装修井机基础和船形底座，起钻台		(1) 起重伤害； (2) 高处坠落； (3) 物体打击	(1) 现场有专人统一指挥，禁止人员站在吊车的吊臂下方和旋转范围内； (2) 吊车停放尽量靠近钻台，防止吊车臂伸出过长； (3) 两台吊车司机配合默契，吊车司机平稳操作，防止碰撞井口； (4) 检查吊索，吊物拴好引绳； (5) 上钻台捅销子时应系好安全带； (6) 使用榔头时应戴好护目镜		(1) 驻井干部； (2) 司钻
3	安装钻台偏房		(1) 起重伤害； (2) 高处坠落	(1) 现场有专人指挥； (2) 检查吊索； (3) 吊车司机平稳操作； (4) 上钻台时应系好安全带		司钻
4	安装护栏、梯子、大门坡道、跑道		(1) 起重伤害； (2) 高处坠落	(1) 现场有专人指挥； (2) 检查吊索； (3) 吊车驾驶员平稳操作； (4) 高处作业系好安全带		(1) 吊车驾驶员； (2) 司钻
5	安装电路		(1) 高处坠落； (2) 触电	(1) 上下钻台扶好扶手； (2) 检查护栏是否安装齐全； (3) 安装钻台用电线路时应断电操作； (4) 检查现场线路		(1) 作业人员； (2) 司钻

103. 小件落物打捞工作安全分析表

编号:JSA-SYQ039

单位					
作业负责人					司钻操作证
	工作任务简述	小件落物打捞			
	作业人员			需要的特种作业人员资质	
序号	工作步骤	危害描述	危害控制措施		责任人(岗位)
1	打钻印	(1)起重伤害； (2)物体打击； (3)机械伤害	(1)检查游动系统控制下放速度； (2)使用防碰天车装置； (3)拉送油管时站于油管一侧,不得跨越； (4)作业前认真检查设备设施各部件； (5)检查液压钳安全门和尾绳		(1)司钻； (2)驻井干部
2	下钻	(1)物体打击； (2)机械伤害； (3)起重伤害	(1)拉送油管时站于油管一侧,不得跨越； (2)作业前认真检查设备设施各部件； (3)检查游动系统控制下放速度； (4)使用防碰天车装置		(1)司钻； (2)驻井干部
3	打捞	机械伤害	(1)顿钻前探清鱼头位置,合理控制下放速度； (2)旋转时同时使用三把管钳,调整好管钳开口大小； (3)接钻时细检查提升系统,随时观察拉力变化,专人观察绷绳坑、基础坑		(1)司钻； (2)驻井干部
4	起钻	(1)物体打击； (2)机械伤害； (3)起重伤害	(1)拉送油管时站于油管一侧,不得跨越； (2)作业前认真检查设备设施各部件； (3)下钻前仔细检查液压钳； (4)检查游动系统控制下放速度； (5)使用防碰天车装置		(1)驻井干部； (2)司钻

104. 配合射孔工作安全分析表

编号:JSA－SYQ040

单位		工作任务简述	配合射孔		
作业负责人		作业人员		需要的特种作业人员资质	责任人（岗位）
序号	工作步骤	危害描述	危害控制措施		
1	摆放车辆	车辆伤害	摆放车辆要有专人指挥		司钻操作证,爆破工程技术人员安全作业证
2	提升天滑轮	物体打击	(1) 使用射孔专用天滑轮拴好保险绳； (2) 拉好刹把,打好通井机滚筒,行走死刹		驻井干部
3	射孔	(1) 中毒； (2) 井喷	(1) 射孔时安排两人坐岗观察,进行有毒有害气体检测,及时灌满井筒并做好记录； (2) 干部值班,其余人员处于待命应急状态； (3) 发现溢流,立刻启动《单井应急处置措施》		司钻
4	射孔结束	机械伤害	司钻平稳操作通井机,缓慢下放滑轮		(1) 司钻； (2) 驻井干部

105. 发动机试车工作安全分析表

编号:JSA－SYQ041

单位		工作任务简述	发动机试车		
作业负责人		作业人员		需要的特种作业人员资质	责任人（岗位）
序号	工作步骤	危害描述	危害控制措施		
1	试车前装配	(1) 机械伤害； (2) 物体打击	(1) 规范使用工具,相互配合； (2) 熟练、规范、协调操作		主修工
2	油、水、气、电连接调试	(1) 机械伤害； (2) 触电； (3) 灼烫	(1) 安全防护设施要齐全,协调操作,不得盲目作业； (2) 谨慎操作、规范、合理使用工具； (3) 操作前关闭电源;合理使用工具;作业时精力集中		(1) 主修工； (2) 电工； (3) 行吊工

续表

单位				
作业负责人				
		工作任务简述	发动机试车	
序号	工作步骤	作业人员	需要的特种作业人员资质	责任人(岗位)
		危害描述	危害控制措施	
3	试车	(1)中毒和窒息; (2)其他伤害	(1)尽量减少工房试车;打开大门,加强通风; (2)劳保整齐上岗,减少在工房试车	(1)主修工; (2)行吊工; (3)电工
4	清理场地	(1)物体打击; (2)其他伤害	(1)规范操作,相互配合; (2)劳保整齐上岗,尽量减少肌肤与废油直接接触;定期定点处理废油,减少环境污染	主修工

106. 吊主压车水箱工作安全分析表

编号:JSA-SYQ042

单位				
作业负责人				起重操作证、起重指挥证
		工作任务简述	吊主压车水箱	
序号	工作步骤	作业人员	需要的特种作业人员资质	责任人(岗位)
		危害描述	危害控制措施	
1	拆水箱	(1)高处坠落; (2)物体打击	(1)将台上油污、水清理干净;严格按照操作规程操作;在台上选择相对宽的空间站立; (2)操作人员佩戴安全帽;严禁乱摆放零配件	台上作业人员
2	吊装锁具的系接	物体打击	严禁吊钩下站人;必须佩戴安全帽	台上作业人员
3	试吊	(1)高处坠落; (2)物体打击	(1)合理选择吊绳;起吊要平稳;吊绳连接处要牢靠;认真检查吊钩; (2)严禁起吊过程中人员附近;操作人员要鸣铃操作; (3)吊绳连接处要牢靠;认真检查吊钩	台上作业人员
4	吊装就位	物体打击	(1)操作人员要平稳操作;吊钩和绳索同连接处要牢靠; (2)严禁人员站吊物附近;佩戴好保护护具后才能上岗	台上作业人员

107. 水平井油管传输加压射孔工作安全分析表

编号：JSA-SYQ043

单位			水平井油管传输加压射孔		
作业负责人					
	工作任务简述			需要的特种作业人员资质	责任人(岗位)
	作业人员			司钻操作证、爆破工程技术人员安全作业证	
序号	工作步骤	危害描述	危害控制措施		
1	安装、连接射孔弹	火药爆炸	(1) 射孔弹安装区域进行隔离； (2) 连接射孔弹时操作要平稳； (3) 关闭无线电通信设备		司钻
2	下钻	(1) 物体打击； (2) 机械伤害； (3) 其他伤害	(1) 司钻集中注意力，平稳操作； (2) 井口操作，取推吊卡动作要平稳，站在油管侧面拉油； (3) 作业前检查液压钳牙及尾绳； (4) 使用合格的液压钳安全门； (5) 安装井口护栏，拉油管人员与井口操作人员在油管上提时拉好油管； (6) 按照要求控制下钻速度		(1) 作业工； (2) 司钻
3	加压起爆	物体打击	(1) 接高压管线时，戴好护目镜； (2) 加压时人员远离高压区		作业工
4	起钻	(1) 物体打击； (2) 机械伤害； (3) 起重伤害； (4) 中毒、井喷	(1) 拉送油管时站于油管一侧，不得跨越； (2) 作业前认真检查设备设施各部件； (3) 检查游动系统控制下放速度； (4) 使用好防碰天车装置； (5) 进行有毒有害气体检测，作业时使用鼓风机吹散井口有毒有害气体； (6) 持续灌井筒，发现溢流及时抢装井口		(1) 作业工； (2) 司钻

108. 现场更换通井机气囊工作安全分析表

编号:JSA-SYQ044

单位		工作任务简述	现场更换通井机气囊		
作业负责人		作业人员		需要的特种作业人员资质	起重指挥证、起重操作证
序号	工作步骤	危害描述	危害控制措施		责任人(岗位)
1	摆放吊车	车辆伤害	车辆移动时专人指挥		司钻
2	拆卸滚筒刹带	(1)物体打击; (2)机械伤害	(1)拆卸螺栓时,正确使用工具; (2)拆卸螺栓时确保通井机处于停车状态		(1)司机; (2)司助
3	吊滚筒	起重伤害	(1)检查吊索,专人指挥; (2)被吊物拴牵引绳; (3)人员远离吊车转盘旋转区域		司钻
4	拔锚头、更换气囊	(1)物体打击; (2)灼伤	(1)拆卸、紧固螺栓时人员配合默契; (2)拔锚头和紧固气囊时必须检查和使用专用工具; (3)用火钳夹持加热件		(1)司机; (2)司钻; (3)司助
5	安装滚筒及刹带	(1)物体打击; (2)机械伤害	(1)紧固螺栓时,正确使用工具; (2)紧固螺栓时确保通井机处于停车状态		(1)司钻; (2)起重指挥人员

109. 配合水平井测三样作业工作安全分析表

编号：JSA-SYQ045

单位		工作任务简述		配合水平井测三样作业	
作业负责人		作业人员		需要的特种作业人员资质	司钻操作证
序号	工作步骤	危害描述	危害控制措施		责任人（岗位）
1	安装测井枪入井	物体打击	测井枪连接牢固，轻提慢放		司钻
2	下钻至水平段	(1) 物体打击； (2) 机械伤害； (3) 其他伤害	(1) 司钻集中注意力，平稳操作； (2) 井口操作，取挂吊环动作要一致； (3) 站在油管侧面拉尾绳； (4) 作业前检查液压钳牙及尾绳； (5) 使用合格的液压钳安全门； (6) 安装井口护帽，拉油管人员与井口操作人员在油管上提时拉好油管； (7) 按照要求控制下钻速度		(1) 司钻 (2) 作业人员
3	穿电缆，对接测井枪	高处坠落	人员上水架穿电缆应规范使用安全带，速差自控器，固定牢固工具		登高人员
4	下钻配合测水平段三样	机械伤害	(1) 通井机操作与测井车、绞车操作密切配合； (2) 试油队与测井队应指定专人协调及现场指挥，保障施工同步		(1) 司钻 (2) 驻井干部
5	起钻配合测水平段三样	机械伤害	(1) 人员离开电缆辐区； (2) 通井机操作与测井车、绞车操作密切配合； (3) 试油队与测井队应指定专人协调及现场指挥，保障施工同步，统一信号；		(1) 驻井干部 (2) 司钻

110. 维修大罐工作安全分析表

编号:JSA-SYQ046

单位		工作任务简述		维修大罐	
作业负责人		作业人员		需要的特种作业人员资质	电焊操作证
序号	工作步骤	危害描述	危害控制措施		责任人(岗位)
1	清理罐体油污	高处坠落	(1)上下大罐时抓好扶梯,脚踩稳; (2)不得在大罐之间跨越		作业人员
2	卸水	触电	检查线路连接及静电接地,专人负责供电		作业人员
3	连接气焊管线	容器爆炸	(1)气瓶直立摆放; (2)两气瓶之间及气瓶与焊切点距间保持10m以上; (3)检查管线是否完好,有无漏气		维修人员
4	修复大罐	(1)火灾、灼烫; (2)物体打击	(1)气割前检查场地周围是否有易燃、易爆物品,大罐内必须满清水; (2)消防器材放置于大罐附近; (3)切割完后用水浇灭残余火种; (4)使用管钳时搭好咬紧,牢靠连接加力杠,校正时均匀用力; (5)使用榔头时戴好护目镜		维修人员
5	拆卸气瓶管线	容器爆炸	先关气瓶,后拆卸管线		维修人员

111. 100m³ 储液罐安装工作安全分析表

编号:JSA-SYQ047

单位		工作任务简述	100m³ 储液罐安装		
作业负责人		作业人员		需要的特种作业人员资质	责任人(岗位)
序号	工作步骤	危害描述	危害控制措施		起重指挥证、起重操作证
1	摆放车辆	车辆移动专人指挥			驻井干部
2	吊装 40m³ 罐支架	(1)起重伤害; (2)物体打击	(1)在吊装 40m³ 罐支架时,先确认好 4 个吊装 U 形环是否完好、螺栓上紧; (2)检查吊具、吊索、吊点,防止支架滑落,系好牵引绳; (3)严禁吊臂下站人		现场作业人员
3	由 60m³ 罐内吊出 40m³ 套罐,并将 40m³ 罐置于支架上	(1)起重伤害; (2)物体打击	(1)确认 4 个吊装 U 形环是否完好、螺栓上紧; (2)吊装所用的两个绳套检查无断丝、断股现象,且两者长度一样,系好牵引绳; (3)防止重心失衡滑落,选择好工具		现场作业人员
4	将支架连同 40m³ 罐一起放置到 60m³ 大罐上面	起重伤害	(1)确认 40m³ 罐是否在支架上定牢固,各卡点是否卡到位;支架 4 个吊装点是否牢固,U 形环是否完好; (2)吊装时由两人同时进行牵引,组装时,有专人指挥吊车司机进行操作,当支架下支点准确卡住 60m³ 大罐后,方可放松绳套		现场作业人员
5	大罐防护栏的组装	(1)高空坠落; (2)机械伤害	(1)上下大罐手抓牢脚踩稳,登上大罐后找到一个安全固定点,系好安全带; (2)组装护栏时尽量远离大罐边沿,两人共同扶起护栏,由一人穿插销子,一人扶住护栏		现场作业人员

112. 往通井机倒抽汲绳工作安全分析表

编号:JSA – SYQ048

单位			往通井机倒抽汲绳		
作业负责人		工作任务简述		需要的特种作业人员资质	司钻操作证
序号	工作步骤	作业人员	危害控制措施		责任人(岗位)
		危害描述			
1	摆放通井机	车辆伤害	专人指挥移动,信号信息准确		司机
2	卡死绳头	(1)刺伤; (2)机械伤害	(1)戴手套作业,不允许用手将钢丝绳; (2)滚筒刹死刹未打好前,不要将手伸人死绳头位置		(1)地面操作人员; (2)卡绳人员
3	砸绳	(1)物体打击; (2)机械伤害	(1)戴好护目镜; (2)用低速挡排绳; (3)清理脚底油渍; (4)砸绳人员不得骑跨钢丝绳		砸绳人员
4	倒绳	物体打击	(1)使用倒绳器,人员站在安全距离处; (2)操作平稳,保持滚筒速度均匀; (3)固定好地面滚筒滚动,检查地面滚筒刹车		(1)地面操作人员; (2)司钻

— 105 —

113. 现场制氮（液氮助排）工作安全分析表

编号:JSA – SYQ049

单位				
作业负责人				
	工作任务简述	现场制氮（液氮助排）		
	作业人员		需要的特种作业人员资质	登高作业证
序号	工作步骤	危害描述	危害控制措施	责任人（岗位）
1	设备摆放	车辆伤害	控制车速度，现场有专人进行指挥	带队干部
2	设备安装	(1) 高处坠落； (2) 物体打击	(1) 安装井口短节时，系好安全带，挂上速差自控器； (2) 上下平台稳扶好； (3) 敲击作业时，戴好护目镜； (4) 配合得当，按顺序连接管线	带队干部
3	制氮、助排	(1) 物体打击； (2) 中毒、窒息	(1) 倒井口闸门时，人员站位手轮侧面； (2) 泵注氮气前，固定好排水管线； (3) 高压区严禁站人； (4) 保持仪表控制室空气畅通，常开门窗； (5) 人员定时倒班休息检查； (6) 现场配备足够的检测仪和正压式空气呼吸器，专人检测有毒有害气体浓度	带队干部
4	拆管线	(1) 物体打击； (2) 中毒	(1) 确认压力泄完后，统一指挥拆卸管线； (2) 检测有毒有害气体浓度； (3) 现场配备足够的检测仪和正压式空气呼吸器	带队干部

114. 安装液压防喷器工作安全分析表

编号：JSA-SYQ050

单位		工作任务简述	安装液压防喷器	
作业负责人		作业人员	需要的特种作业人员资质	司钻操作证
序号	工作步骤	危害描述	危害控制措施	责任人(岗位)
1	摆放远控台	(1) 车辆伤害； (2) 起重伤害	(1) 现场有专人指挥； (2) 检查吊索	司钻、钻台大班
2	连接防喷器	(1) 起重伤害； (2) 物体打击； (3) 挤压伤害	(1) 绑吊封井器时人员不得站至封井器受力方向对面； (2) 下放封井器时手不得放置在螺栓下方进行对口操作； (3) 上井口螺栓时使用专用工具并打好背钳，拴好保险绳	司钻、钻台大班
3	连接液压管线	(1) 物体打击； (2) 环境污染	(1) 使用榔头时藏好目镜； (2) 连接管线时从一方连接开始不得两头同时连接，防止配合失误夹伤手指； (3) 连接管线时用油盆收集管线内滴漏出的液压油，防止污染环境	司钻、钻台大班
4	连接电线，调试	(1) 触电； (2) 高压伤害	(1) 检查线路无破损； (2) 连接电路时应断电操作； (3) 调试前确认液压管线连接正确，密封性良好； (4) 调试时人员应远离液压管线接头处，防止刺漏或管线脱落造成压力伤人	司钻、钻台大班、机房大班

115. 带压下油管工作安全分析表

编号:JSA-SYQ051

单位				带压下油管		
作业负责人			工作任务简述		需要的特种作业人员资质	司钻操作证
序号	工作步骤	作业人员	危害描述	危害控制措施		责任人(岗位)
1	卡油管吊卡		油管吊卡夹手	(1)仔细检查油管吊卡,确保油管吊卡符合规范要求; (2)卡油管吊卡时手不要放在油管吊卡的活动部件之间		场地工
2	起吊油管		(1)油管摆动撞伤人、物; (2)油管滑落砸伤人	(1)绞车操作手平稳起吊油管,禁止急停急放; (2)卡好油管吊卡后上好保险销,禁止人员在起吊油管下方通过		副操作手
3	油管上扣		(1)油管钳夹手; (2)油管扣夹手; (3)油管倾倒	(1)使用油管钳上卸扣时要关闭油管钳防护门; (2)油管对扣时,不要将手指放在外螺纹、内螺纹接头之间; (3)在确认油管扣上紧前,禁止大幅度下放		副操作手
4	取油管吊卡		油管吊卡夹手	采用正确的方式取油管吊卡		副操作手
5	带压下入油管		(1)游动、固定卡瓦夹手; (2)油管下滑伤人、物; (3)密封胶芯失效,压力伤人	(1)不要将手伸入卡瓦与油管之间; (2)在进行游动、固定卡瓦倒换时,要确保游动(固定)卡瓦卡紧后,才能打开固定(游动)卡瓦; (3)每下10根检查带压下油管动密封胶芯,发现密封胶泄漏立即更换		(1)主操作手; (2)副操作手

— 108 —

116. 设备试压工作安全分析表

编号:JSA－SYQ052

单位				工作任务简述		设备试压	编号:JSA－SYQ052	
作业负责人				作业人员			需要的特种作业人员资质	责任人(岗位)
序号	工作步骤			危害描述	危害控制措施			
1	选择试压管线			试压管线破裂,压力伤人	仔细检查试压管线,确保试压管线符合规范要求			主操作工
2	连接试压管线			工具伤人	(1) 选择合适完好的工具进行安装; (2) 正确使用工具			副操作工
3	设备试压			高压刺漏伤人	(1) 进行逐级试压; (2) 试压管线与设备连接牢固; (3) 试压时禁止无关人员靠近试压区域; (4) 观察试压情况时,人员避免和试压孔位于同一条直线上			(1) 安全员; (2) 技术员; (3) 主操作工
4	拆除试压管线			(1) 余压伤人; (2) 工具伤人	(1) 拆卸试压管线前先泄压,确认无压力后完成试压管线拆除; (2) 选择合适完好的工具进行安装; (3) 正确使用工具			(1) 队长; (2) 副操作工

117. 下完井工具作业工作安全分析表

编号:JSA-SYQ053

单位				下完井工具作业	
作业负责人					
序号	工作步骤	工作任务简述			司索证
		作业人员	危害描述	危害控制措施	需要的特种作业人员资质	责任人(岗位)
1	吊完井工具上钻台	(1)完井工具坠落、碰撞,造成工具损坏和人员伤亡; (2)跌倒伤害	(1)起吊前安排专人负责捆绑完井工具,起吊前进行试吊,并设置警戒区域,井架坡道附近不能站人; (2)正确穿戴好劳保用品,上下钻台用手扶住台梯子扶手		(1)作业人员; (2)队长
2	完井工具与油管连接	(1)连接时,压伤和夹伤手; (2)连接时错扣未上紧、管柱窜漏和井下落鱼,作业失败	(1)人员穿戴好劳保,身体与完井工具保持足够的空间; (2)人员在钻台上正确操作和站位; (3)对扣后先用管钳反转进扣,使用带扭矩仪的液压钳上扣		主副操作手
3	完井工具下入井内	(1)工具下入时遇阻,管柱卡堵; (2)井涌、井喷	(1)下工具前,核实工具尺寸,对工具所有附件进行紧固检查;下完井管柱前进行通井刮管,纯下放速度不高于2m/s,遇阻吨位不超过50kN; (2)执行起下钻井控制度,严格控制下钻速度,准备好防喷工具		主操作手
4	完井封隔器坐封	封隔器无法坐封,作业失败	人井管柱连接严密,适当进行泵送球到座,对球到座时间进行计算,坐封井段反复刮削三次以上		队长
5	验封	管柱窜漏,作业失败	油管按照标准扭矩上扣并进行气密封检测,动态控制油套测试压差		副操作手

118. 井筒返排液环保处理工作安全分析表

编号:JSA-SYQ054

单位		工作任务简述	对井筒返排液的中和、除硫、消泡处理		电工操作证
作业负责人		作业人员		需要的特种作业人员资质	责任人(岗位)
序号	工作步骤	危害描述	危害控制措施		
1	环保处置设备安装、固定	(1)人员绊倒、滑倒受伤;(2)设备砸伤、压伤手脚	(1)作业前清理场地,人员穿戴好劳保用品;人员抬管线时,统一步调;(2)大型设备使用吊车起吊安装就位时,专人指挥;人员与设备保持足够的距离		地面测试队长
2	设备试压	管线刺漏,压力伤人	(1)警戒区域严禁无关作业人员进入试压区域;(2)作业人员劳保穿戴整齐,戴上护目镜;(3)按照试压操作程序逐渐升压		地面测试主操作手
3	接电	(1)触电;(2)设备受损	(1)人员穿戴好绝缘鞋和绝缘手套;(2)接电前检查电源和线路,由专业电工负责接电		地面测试主操作手
4	中和、除硫、消泡处理	(1)化学药剂腐蚀伤人;(2)化学腐蚀、污染环境;(3)噪音对人员伤害	(1)穿戴好防腐服,使用橡胶手套,戴好护目镜,配好洗眼液,准备好清洗液;(2)做好管线使用循环检查;(3)人员佩戴防护耳塞		地面测试副操作手
5	结束作业	化学腐蚀,环境污染	(1)穿好劳保用品;(2)将剩余化学剂排放到指定位置;(3)用清水冲洗使用过的管线		地面测试副操作手

119. 地面安装试井防喷管工作安全分析表

单位				编号:JSA-SYQ055
作业负责人				

工作任务简述: 地面安装试井防喷管

序号	工作步骤	危害描述	危害控制措施	需要的特种作业人员资质	责任人(岗位)
1	吊车就位	作业人员 (1)吊车撞击人员和设施,造成人员伤亡和设备设施损害;(2)基础不牢,吊车下陷或者倾倒,造成人员伤害和吊车损坏	(1)吊车就位前清理场地内的设备设施和人员,吊车就位,由专人指挥;(2)就位前调查地基是否坚固,打腿时要垫枕木	起重操作证、司索证、登高作业证	高级试井操作手
2	吊索、吊具选择	吊索、吊具断裂造成防喷管、吊车损坏和人员伤亡	专人检查吊索、吊具,保证吊索、吊具符合载荷要求,对有断丝、扭折、锈蚀等缺陷超标的吊索、吊具要立即更换		试井主操作手
3	防喷管地面组串连接	(1)防喷管连接时错扣或未上紧,造成防喷失效,发生井喷;(2)防喷管组串伤人;(3)防喷管掉落砸伤、压伤人员	(1)定期检查维护防喷管;连接前认真检查螺纹和密封端面,严格试压;(2)防喷管对接时,使用对角牵引绳,防止防喷管大幅摆动;组串组立接时,吊车操作司机保持吊物平稳;组串组立时人员正确站位;(3)人员戴防护眼镜和防砸手套;		试井主操作手
4	司索捆绑和试吊防喷管串	(1)人员未撤离,造成手、脚等部分挤压、夹伤;(2)试吊时,防喷管失衡坠落,造成防喷管损坏和人员伤害;(3)试吊时,防喷管碰撞地面或者设备损坏,造成密封螺纹,造成设施设备损坏	(1)安排专人指挥,人员未撤离不能试吊;(2)防喷管捆绑由取得起重司索资质的人员捆绑;设置警戒区域,专人警戒,试吊时人员不得进入警戒区域;试吊高度不得超过10cm,观察30s;(3)试吊前系好牵引绳,试吊时用牵引绳对角双牵引绳进行束缚,密封螺纹和防护镜戴好护丝		高级试井操作手
5	起吊移动防喷管串	(1)防喷管坠落,造成人员伤亡和设备损坏;(2)防喷管撞击人员和设备设施,造成人员伤亡和设备设施损坏;(3)吊车倾覆	(1)严禁其他人员进入警戒区,严禁人员从吊物下穿越;(2)防喷管捆绑牢固,无零散物;起吊移动过程中,对防喷管用对角双牵引绳进行束缚;司索指挥与吊车操作司机信号明确;(3)严禁歪拉斜吊,违章操作致使吊车倾覆		(1)高级试井操作手;(2)吊车操作司机;(3)试井副操作手

— 112 —

续表

单位		地面安装试井防喷管		
作业负责人		工作任务简述		
		作业人员	需要的特种作业人员资质	责任人(岗位)
				起重操作证、司索证、登高作业证
序号	工作步骤	危害描述	危害控制措施	
6	防喷管串就位安装	(1)防喷管压伤、夹伤; (2)安装人员高空坠落、人身伤亡; (3)高空落物,造成人身伤亡	(1)防喷管安装就位用手扶时,肢体保持安全距离; (2)人员穿戴好全身式安全带,并使用防坠装置;安排监护人,监护登高作业人员安全作业; (3)固定好管线,人员站位正确	试井主操作手
7	取防喷管吊索	绳套打扭伤人	吊索松地后,用工具摘取绳缆	试井副操作手

120. 装卸气田水工作安全分析表

编号:JSA-SYQ056

单位		装卸气田水		
作业负责人		工作任务简述		
		作业人员	需要的特种作业人员资质	责任人(岗位)
序号	工作步骤	危害描述	危害控制措施	
1	车辆就位,气田水车接地,作业区域放置灭火器	(1)车辆伤害; (2)火灾爆炸	(1)气田水车进场就位专人指挥; (2)防静电接地线,干粉灭火器正常有效; (3)气田水车排气管加装防火罩	(1)气田水车驾驶员; (2)采气工
2	连接气田水车软管,打开气田水罐口,插入软管	(1)火灾爆炸; (2)中毒窒息	(1)连接软管,打开罐口盖板使用防爆工具; (2)罐口盖口使用必须装绝缘胶皮或石棉垫; (3)打开气田水罐口盖板使用有害气体监测仪,准备好防毒面具,正压式空气呼吸器等防护用品	采气工
3	打开气田水车进水球阀,开启自吸泵	火灾爆炸	检查防静电接地线,确保接地良好	采气工
4	停泵,关闭气田水排水球阀,封闭气田水罐盖板	(1)环境污染; (2)中毒窒息; (3)火灾爆炸	(1)操作平稳,防止气田水带出; (2)使用有毒有害气体监测仪,准备好防毒面具,罐口盖使用防爆工具,罐口盖与罐口之间必须装绝缘胶皮或石棉垫; (3)封闭罐口盖板使用必须装绝缘胶皮或石棉垫	采气工

— 113 —

121. 单井开井工作安全分析表

编号:JSA-SYQ057

单位		工作任务简述	单井开井		
作业负责人		作业人员		需要的特种作业人员资质	责任人(岗位)
序号	工作步骤	危害描述	危害控制措施		
1	准备工具	管钳大小不合适、陈旧损坏,作业过程中断裂滑脱伤人	仔细检查工具,选择符合标准规范和使用要求的管钳		巡井工
2	检查下游流程是否导通	管线设备超压爆炸	与站内保持联系,确保下游闸阀开启,流程导通		巡井工
3	开生产闸阀	(1)阀杆冲出伤人; (2)使用管钳不当滑脱伤人	(1)开启带压闸阀,人体不能正对阀杆,站在闸门侧面操作,缓慢开启; (2)使用管钳正确把握,开口适当,用力合适,正确站位,侧后位置操作		巡井工
4	开针阀	(1)阀杆冲出伤人; (2)使用管钳不当滑脱伤人; (3)超压爆炸	(1)开启带压闸阀,人体不能正对阀杆,站在闸门侧面操作,缓慢开启; (2)使用管钳正确把握,开口适当,用力合适,正确站位,侧后位置操作; (3)缓慢打开针阀,控制下游压力,直至油压降与系统压力平衡		巡井工
5	开流量计上下游闸阀,关闭旁通阀	(1)阀杆冲出伤人; (2)使用管钳不当滑脱伤人	(1)开启带压闸阀,人体不能正对阀杆,站在闸门侧面操作,缓慢开启; (2)使用管钳正确把握,开口适当,用力合适,正确站位,侧后位置操作		巡井工

122. 压缩机启机工作安全分析表

编号:JSA－SYQ058

单位				
作业负责人		工作任务简述	压缩机启机	
		作业人员	需要的特种作业人员资质	责任人(岗位)
序号	工作步骤	危害描述	危害控制措施	
1	检查各连接部位,传动部位	(1)连接部位泄漏,引发火灾爆炸; (2)螺栓、物件等飞出,造成物体打击	(1)检查清理压缩机周围的杂物,机体上的工具及物件,包括气缸螺栓、轴承螺栓、连杆螺栓、活塞杆并帽,机身与机座、底座与基础连接螺栓及其他各紧固连接部位连接是否正确,有无松动现象,及时紧固、调整; (3)检查检测有无气体泄漏	采气工
2	盘车	物体打击	侧位站立,双手抓紧盘车棍中部	采气工
3	关闭动缸旋塞阀	滑跌、摔伤	上下梯子时把好扶手	采气工
4	压缩机启动	火灾爆炸,机械伤害,物体打击	(1)控制好燃压,启动器,着火后立即关闭启动器 (2)启动时人员远离压缩机旋转、运动部位	采气工

123. 气举工作安全分析表

编号:JSA－SYQ059

单位				
作业负责人		工作任务简述	气举	
		作业人员	需要的特种作业人员资质	责任人(岗位)
序号	工作步骤	危害描述	危害控制措施	
1	气举管线连接	(1)井口管线没有泄压或泄压不彻底造成人员伤害; (2)连接管线泄漏造成人员伤害; (3)采气树上操作高处坠落	(1)井口泄压至压力表指示数值回落到零后开始作业; (2)所有施工管线统一用检测合格的无缝钢管连接,各连接部位接好安全绳,打地锚固定; (3)高处作业拴好身式安全带搭建操作平台	气举操作人员

— 115 —

续表

单位				气举		
作业负责人						
		工作任务简述			需要的特种作业人员资质	责任人(岗位)
序号	工作步骤	作业人员	危害描述	危害控制措施		
2	管线试压		试压过程中管线泄漏或者爆炸造成人员伤害	(1)试压到25MPa,稳压30min无压降为合格; (2)使用承受70MPa的管线做注气管线; (3)作业区域进行安全隔离警示,人员远离试压管线		气举操作人员
3	制氮气举		(1)对应的工艺流程未导通,憋压爆炸,压漏爆炸造成人员伤害; (2)气井举喷后针阀开度过大,输气管线超压爆炸造成人员伤害; (3)制氮气举过程当中制氮设备超压、超温运行,管线设备超压泄漏爆炸,造成人员伤害	(1)检查工艺流程各阀门是否处于正确的开关位置; (2)针阀开度在举喷时能不能大于2圈,且要有人值守; (3)制氮车操作人员严密监控各项参数,并按气举操作规程操作,确保压力正常		气举操作人员; 巡井工
4	气举结束,停机泄压,拆除管线		(1)拆除工艺流程连接管注气闸门未关闭或者关闭不严,压气流冲击,造成人员伤害; (2)没有泄压或泄压不彻底造成人员伤害	(1)检查井口注气阀门是否关闭到位; (2)泄压至压力表指示数值为零		气举操作人员

三、物探专业

124. 测量工序工作安全分析表

编号:JSA-WT001

单位		工作任务简述		测量工序施工	
作业负责人		作业人员		需要的特种作业人员资质	
序号	工作步骤	危害描述	危害控制措施	需要的特种作业人员资质	责任人(岗位)
1	遵照"五避五就"原则,优选井位	后续工序造成地面地下设施损坏	严格按照避高就低、避陡就缓、避碎就整、避干就湿、避土就岩原则优选井位		GPS小组长(地质员)
2	重要设施段定井	(1)重要设施受损; (2)第三方纠纷	(1)定井井位位置符合安全规程,距重要设施安全距离达标; (2)与重要设施相关方取得联系,提前沟通协调		GPS小组长(地质员)
3	人员过江河水库	(1)人员淹溺; (2)设备损毁	(1)租用"四证"齐全船只绕行桥上通行; (2)人员乘船过河、过水库时正确穿戴救生衣,做到不超载,恶劣气象不过河		(1)GPS小组长(地质员); (2)地质员; (3)标志工
4	过林区施测	火灾	(1)进林区前统一收缴火种,严禁吸烟; (2)携带轻便灭火器材		(1)GPS小组长(地质员); (2)地质员; (3)标志工
5	过陡岩施测	(1)摔伤; (2)设备损毁	(1)提前探路,尽量绕行陡岩; (2)临边施测时,作业人员必须系保险绳,专人指挥安全		(1)GPS小组长(地质员); (2)地质员; (3)标志工
6	回收废油漆桶和刷	产生危险废弃物	建立废油漆桶和刷的回收制度,送交有资质回收部门统一处置危废物		标志工

— 117 —

125. 钻井工序工作安全分析表

编号:JSA–WT002

单位			工作任务简述	钻井工序施工		
作业负责人			作业人员		需要的特种作业人员资质	责任人(岗位)
序号	工作步骤		危害描述	危害控制措施		
1	设备搬迁		(1)人员摔伤； (2)设备损坏	(1)提前派人选路、修路，尽量避开陡岩等高风险路段搬迁； (2)设备化整为零，拆卸后搬迁； (3)使用钢钎固定物固定保险绳，搬运工系保险绳作业，陡坎地段使用保险绳滑吊钻机设备		钻井机长
2	识别井位作业环境		(1)地面地下设施破坏； (2)触电； (3)临边坠落	(1)察看或询问井位周边是否存在电线、地下设施，煤矿或地质灾害等风险； (2)察看与地面设施的安全距离以及是否临边； (3)一旦识别存在风险，立即上报技术组，采取分析、丢井等方式处置		(1)钻井机长； (2)钻工
3	井场平整及布设观察		轧伤、落石砸伤脚	正确穿戴防砸皮鞋和安全帽，提前观察井场上方是否存在垮塌，合理使用平整工具		钻工
4	组装钻机设备		(1)机械伤害； (2)手脚砸伤、挤伤	(1)对拆卸部分进行组装、固定、防止螺丝、栓销松动，附属设施堡放规范； (2)正确穿戴劳保用品(防砸皮鞋、安全帽)； (3)密切分工，组装过程严禁试机开机		(1)钻井机长； (2)钻工
5	设置现场警戒区		围观群众机械伤害、砸伤	以桅杆高度1.5倍为半径设置警戒区，严禁无关人员进入施工现场		钻工
6	钻井生产		(1)机械伤害； (2)手脚砸伤、挤伤； (3)火灾	(1)随时检查旋转部位安全防护罩性能，确保其完好、有效； (2)使用撑杆或拉绳将钻机设备固定，防止设备倾倒伤人； (3)严格按照钻井安全操作规程作业，严禁违章作业； (4)油桶置于排气管上风方向，距离至少保持2m以上		(1)钻井机长； (2)钻工
7	油料搬运保管		火灾	(1)使用专用油桶运输油料，每次盛油不超过2/3； (2)现场配备2具4kg以上有效灭火器；存放点无火源和可燃物		钻工

126. 镶焊作业工作安全分析表

编号:JSA－WT003

单位		工作任务简述	镶焊作业		
作业负责人		作业人员		需要的特种作业人员资质	特种作业证(镶焊)
序号	工作步骤	危害描述	危害控制措施		责任人(岗位)
1	镶焊场所设置	火灾	(1)野外镶焊作业点附近设置远离居民密集区; (2)带火作业点附近20m内无易燃易爆物品; (3)场所内消防设施齐全、完好		镶焊工
2	乙炔、氧气瓶存放及使用	气瓶爆炸	(1)气瓶立放并有支架固定防倾倒措施,存放地不得安装电线和电器设备; (2)乙炔压力表合格有效,气瓶在每次灌装前进行耐压检测; (3)氧气瓶离明火10m以外,禁止对气瓶敲打、碰撞,夏季暴晒,40℃热源加热; (4)禁止在瓶体上电焊引弧		镶焊工
3	检查橡胶软管	气体泄漏、爆炸	(1)氧气软管为红色,乙炔软管为黑色,不得互换; (2)橡胶软管无磨损、老化、扎孔、裂纹,长度应不小于10m; (3)乙炔软管两端接头应用卡子卡紧,乙炔软管能插上不漏即可		镶焊工
4	点火作业	高温灼伤、火灾、视力损伤	(1)正确穿戴防高温灼伤的工作服、手套和焊工防护眼镜; (2)氧气软管着火时,迅速关闭氧气阀门,禁止弯折氧气管来熄火; (3)禁止把点燃的焊枪放在工作台上		镶焊工
5	焊接钻头	高温灼伤、视力损伤	(1)严格按照"金属焊割作业(镶焊)岗位操作指南",持证上岗; (2)禁止卧放乙炔瓶使用,乙炔最高工作压力不超过0.147MPa; (3)禁止对沾满油污的钻头进行焊接		镶焊工
6	乙炔、氧气瓶运输搬运	爆炸	(1)搬运气瓶时严禁抛、滑、滚,应避免碰撞和剧烈振动; (2)易燃品、油脂、带油污的物品禁止与氧气瓶同一地点存放和运输; (3)运输工具有明显的安全标志,并配齐消防器材		镶焊工

127. 下药工序工作安全分析表

编号:JSA-WT004

单位				下药工序工作作业		爆炸作业人员证
作业负责人						
序号	工作步骤	工作任务简述		危害控制措施	需要的特种作业人员资质	责任人(岗位)
		作业人员	危害描述			
1	察看炮井周边环境		地面地下设施损坏	察看炮井周边环境等,确认其安全距离是否达标,井深是否达标,不达标立即报告技术组,通过技术手段(丢井或减药量)处理		(1)下药工; (2)下药辅助工
2	设置警戒区		无关人员围观且发生误爆易造成群死群伤	(1)以炮井为圆心,半径20m范围设置为警戒区; (2)现场人员关闭无线电通信设备		下药辅助工
3	民爆器材入场		爆炸井引发殉爆	(1)下药工负责在警戒区内确定震源药柱放置点,雷管箱放置点和药包制作点,三者之间距离不小于15m; (2)下药工将雷管放在雷管箱放置点,民爆器材搬运工将震源药柱放在震源药柱放置点;药包制作点与井口的距离不大于1m		(1)下药工; (2)民爆器材搬运工
4	制作药包		误爆	(1)药包制作点由持证员工单独操作,无关人员不得进入; (2)按照地震勘探爆炸安全操作规程进行操作		下药工
5	通断测试		爆炸	药包下井后,由持证下药工在距离井口30m处单独进行药包线路通断测试		下药工
6	焖井		井口线破坏导致盲炮	使用研细的砂土均匀焖井,焖至距井口100cm处停止焖井,使用"三把草"保井,井口附近制作伪装线和假土堆		下药辅助工

128. 爆破作业工序工作安全分析表

编号：JSA-WT005

单位				爆破作业	
作业负责人				责任人(岗位)	爆破员作业证
序号	工作步骤	工作任务简述		需要的特种作业人员资质	
		作业人员			
		危害描述	危害控制措施		
1	设置爆炸站	(1) 爆炸飞溅物伤人； (2) 山体落石伤人； (3) 触电	(1) 严格按照地震勘探爆破安全规程要求设置爆炸站，爆炸站与井口的安全距离一般为：地表为黏土、沙土层，不小于30m；地表为岩石、冻土层，不小于60m；井深小于或等于5m时，特殊情况另据爆炸方式、药量计算确定，大于100m； (2) 爆炸站不得设置于炮井下风方向，不得横穿高压电线设站		爆炸机操作员
2	设置警戒区并开始警戒	爆炸飞溅物伤人	(1) 疏散警戒区内无关人员，爆炸辅助工负责重要路口警戒，爆炸操作员负责爆炸站方向的安全警戒工作； (2) 夜晚井口标识和灯光符合规定		(1) 爆炸员； (2) 辅助工
3	连接井口线	误操作导致爆炸伤人	严格按照"先三断，后三通"作业程序连接井口线，确保警戒到位，警戒区内无无关人员		辅助工
4	启爆	爆炸物伤人	爆破操作员点名查点，确保安全警戒到位，警戒区内无无关人员时才启爆		爆炸机操作员
5	清线回填	(1) 废炮坑弃置导致环境破坏； (2) 盲炮	(1) 专人负责井口物的回收以及房炮坑的回填； (2) 按照盲炮处置流程进行处置		(1) 辅助工； (2) 爆炸机操作员

129. 采集作业工序工作安全分析表

编号:JSA－WT006

单位		工作任务简述	采集放线作业		
作业负责人		作业人员	危害描述	危害控制措施	需要的特种作业人员资质	责任人(岗位)

序号	工作步骤	危害描述	危害控制措施	需要的特种作业人员资质	责任人(岗位)
1	采集设备充电	(1)触电; (2)火灾	(1)规范充电线线路,确保充电线完好,插线板安全可靠,不私拉乱接电线; (2)充电房内无易燃易爆物,定期检查电线负荷是否过热现象; (3)配备性能可靠,数量足够的干粉灭火器		充电工
2	采集设备人员运输	(1)车辆伤害; (2)设备砸伤人	(1)做到客货分车运输; (2)装卸采集设备时,严格按照采集设备装卸程序进行		(1)检波班长; (2)当班驾驶员
3	放、收线作业	(1)高处坠落; (2)淹溺	(1)陡崖或河边放线作业时,必须提前识别风险是否可以接受; (2)临边作业人员必须系保险绳保护作业; (3)放线如遇陡坡阻挡物,立即在上方放线,采用自上而下的抛线方式作业; (4)过大型河流采集时,采取架设微波中继传输,不进行收放线作业		(1)检波班长; (2)检波工
4	挖检波器埋置坑	挖坑工具伤脚	强化操作人员培训,规范操作行为;正确穿戴劳动防护用品		检波电缆工
5	更换电瓶或大线	(1)设备砸伤人; (2)高处坠落	(1)使用搬运袋搬运电瓶,防止电瓶滑落伤脚; (2)高危地段使用保险绳保护作业; (3)两人以上同时进行更换作业,其中一人专门负责安全		检波电缆工

130. 过煤矿区域采集作业工作安全分析表

编号:JSA-WT007

单位		工作任务简述	过煤矿区域采集		
作业负责人		作业人员		需要的特种作业人员资质	责任人(岗位)
序号	工作步骤	危害描述	危害控制措施		
1	煤矿相关资料收集	冒险施工	踏勘设计时,专人负责联系相关方为收集煤矿图作等		技术组长
2	煤矿洞口坐标实测	炮井炸毁煤矿洞口,造成财产损失和人员伤亡	实测煤矿洞口坐标,方位角,了解进深,煤层倾角等,收集新发现的煤矿信息		测量小组长
3	室内逐点计算	炮井与煤矿坑道安全距离不达标	(1)根据测量组提供的(洞口坐标、洞口深度、走向方位角、高程等)数据推算、标识出井位距煤矿的安全距离; (2)对炮井距坑道水平距离小于50m,垂直距离小于100m(标高)的井位在室内进行偏移,指导野外合理定井; (3)对已施测的不合格井位,及时通知测量人员进行整改		技术员
4	现场核实	炮井与煤矿坑道安全距离不达标	(1)询问当地老百姓,核实地下煤矿的具体位置,以及炮井距煤矿的安全距离; (2)对安全距离不达标的炮井,立即上报技术组,通过技术手段确保炮井安全		钻井机长
5	协调停工	第三方纠纷伤人	强化沟通,宣传和解释工作,取得煤矿方的支持		工农协调员
6	清场施工	井下人员伤亡	(1)核实当日放炮区域内各个煤矿是否已经协调停工; (2)确定已停产,查验煤矿工人井登记表,核对井下工人是否全部升井撤离; (3)确保煤矿方"停产、工人全部升井后方可通知进行放炮作业		检波班长

— 123 —

131. 过陡岩搬迁作业工作安全分析表

编号:JSA－WT008

单位		工作任务简述	过陡岩搬迁人员设备搬迁		
作业负责人		作业人员	危害控制措施	需要的特种作业人员资质	责任人(岗位)
序号	工作步骤	危害描述	危害控制措施		
1	穿戴劳保用品	工鞋防滑、防砸性能不佳,导致高处坠落,脚部砸伤	配备性能符合相关要求的防滑防砸工鞋		材料组长
2	检查抬扛、绳索、保险绳等物资	抬扛、绳索断裂砸伤人员	搬迁前必须对抬扛、绳索进行检查,一旦存在破损的立即予以更换		辅助搬运
3	提前探路	绊伤、高处坠落	搬迁前提前派人查看下一施工点,并对搬迁路线进行规划,避免穿越高风险陡岩搬迁作业		(1)钻井机长; (2)钻工
4	提前修路;布设保险绳	轧伤脚,人员设备高处坠落	(1)提前派人使用修路工具对陡坡面进行维修,确保宽度、陡度,陡度满足人员设备搬迁条件; (2)特别险要位置,临边位置使用打钢钎+保险绳固定保护,防止人员设备高处坠落		(1)钻井机长; (2)钻工
5	分拆大型设备搬运	砸伤、挤压伤	(1)将大型机械设备分拆搬运,搬运时人员位置不处在易砸伤站位上; (2)人力搬运中途休息时,易倾倒的设备应放平; (3)特别陡峭位置,使用保险绳+滑轮方式吊运设备		(1)钻井机长; (2)钻工

132. 过水域作业工作安全分析表

编号：JSA-WT009

单位					
作业负责人		工作任务简述	过水域设备搬迁		
序号	工作步骤	作业人员	危害描述	危害控制措施	需要的特种作业人员资质	责任人（岗位）
1	联系检查"四证"齐全船只		船只安全性能差导致人员设备落水淹溺	(1) 提前指派专人负责联系租用"四证"齐全船只； (2) 乘船前由属地班组长负责对船只证件、安全性能、核定载重量、应急物资情况进行检查		(1) 属地班组长； (2) 组员
2	查看天气状况		恶劣气象导致船只操作失控	班组长负责观察过河前的天气状况，实施作业许可，如遇暴雨、洪水、雾天严禁过河		属地班组长
3	正确穿戴救生衣		人员淹溺	(1) 按规定配备足量的救生衣，做到人手一件； (2) 过水域前由属地班组长负责检查作业人员穿戴情况是否符合要求		(1) 属地班组长； (2) 组员
4	按照核定载重量安排过河人员和物资		船只超载导致沉没、人员落水淹溺	由班组长按照船只核定载重量合理安排人员、物资乘船、做到不超载、客货不混装		(1) 属地班组长； (2) 组员
5	水域作业		人员落水、绳索影响过往船只安全	(1) 作业许可管理； (2) 执行水域作业程序； (3) 作业人员全部穿救生衣； (4) 联系海事部门，了解过往船只的船体最高高度，并得到该部门许可		(1) 当班队领导； (2) 仪器组长或检波班长； (3) 检波工
6	清点过河人员物资		人员设备落水、失踪	属地班组长对过河的人员物资进行清点		属地班组长

— 125 —

133. 夜间行车工作安全分析表

编号:JSA－WT010

单位				夜间行车	回场验证员证,驾驶证
作业负责人					
序号	工作步骤	作业人员 危害描述	危害控制措施	需要的特种作业人员资质	责任人(岗位)
1	审核审批夜间行车必要性与可行性	夜间恶劣气象(雨、雾天)可能导致交通事故	(1) 副队长对夜间行车必要性进行审查,尽量做到夜间不派车或少派车; (2) 对夜间行车的道路风险情况进行分析,高危地段严禁夜间行车; (3) 存在雨、雾、冰雪天或恶劣气候时,严禁夜间行车		行政副队长
2	驾驶员身体状况确认、派车交代	思想、身体状况不佳造成操作失误,导致交通事故	(1) 根据驾驶员的思想状况、身体状况和疲劳程度等选派适合的驾驶人员; (2) 做好派车"三交代"和安全提示工作		司机组长
3	出车前车况检查	机械故障、灯光系统故障导致交通事故	(1) 行车前,由专业回场检验员负责对车辆的制动系统、灯光系统、方向系统等进行全面检查,确保所派车辆车况符合安全要求; (2) 不派带病车		(1) 司机组长; (2) 驾驶员
4	运用GPS监控系统,重点监控车速	车速过快导致交通事故	(1) 指定GPS监控员对夜间行车的车速进行监控,夜间行车车速低于白天行车速度的60%; (2) 对夜间行车路线进行监控,避免借路线		GPS监控员
5	乘车人员协助开展道路风险识别和提示	风险识别提示不到位导致车辆事故	(1) 行车过程中,乘车人员协助驾驶员做好前方道路风险的识别提示工作; (2) 夜间驾驶员出现疲乏状况时,乘车人员提示驾驶员停车休息		(1) 驾驶员; (2) 乘车人员
6	行车过程检查	车况不佳导致事故	(1) 夜间长距离、长时间行车时,应每2小时休息一次并对车况进行检查; (2) 若夜间发现车辆出现故障时,应立即停车检查和处理,不冒险行车		驾驶员

四、固井专业

134. 水泥车平台更换柱塞泵柱塞工作安全分析表

编号:JSA－GJ001

单 位					
作业负责人					
工作任务简述	水泥车平台更换柱塞泵柱塞				
作业人员					
序号	工作步骤	危害描述	危害控制措施	需要的特种作业人员资质	责任人(岗位)
1	上柱塞泵工作台	高处坠落	(1)劳保穿戴齐全,上平台抓紧扶手; (2)工作台面无杂物,注意观察		(1)水泥车操作工; (2)驾驶员
2	砸开进、排水端盖	物体打击(砸伤)、夹伤	(1)检查榔头的结构是否完好; (2)操作人员敲击时要佩戴护目镜,抓紧手柄,防止榔头受反弹力的影响侧滑; (3)选择合理地点,端盖放置固定无滑动		水泥车操作工
3	拆卸柱塞	物体打击(砸伤)、夹伤	(1)正确使用工具; (2)工具使用完,固定到牢靠地点放置; (3)盘车时观察上方和躯体周围环境,排除危险因素		水泥车操作工
4	安装新柱塞	物体打击(砸伤)、夹伤	(1)安装柱塞时,泵体周围严禁站人,由地面转送人员拿稳后放到平台; (2)工作台操作人员站好位置,缓慢将柱塞放到缸体内; (3)旧柱塞下放两人做好配合		水泥车操作工
5	砸紧进、排水端盖	物体打击(砸伤)	(1)清理柱塞泵工作台面,检查榔头的结构是否完好; (2)操作人员敲击时要佩戴护目镜,抓紧手柄,防止榔头受反弹力的影响侧滑; (3)正确使用工具		水泥车操作工
6	下柱塞泵工作台	高处坠落	(1)将作业台面工具和杂物清理干净; (2)抓紧扶手,脚部踩实扶梯支架,逐步移动至地面		(1)水泥车操作工; (2)驾驶员

135. 井口工具安装工作安全分析表

编号:编号:JSA-GJ002

单位			
作业负责人			

工作任务简述: 井口工具安装

作业人员		需要的特种作业人员资质	责任人(岗位)

序号	工作步骤	危害描述	危害控制措施	
1	安装水泥头	物体打击(砸伤)	(1)砸榔头时要佩戴护目镜,用力均匀; (2)各岗位相互配合; (3)不得随便操作钻台设备	(1)井口工; (2)技术员
2	安装旋塞阀	(1)物体打击(砸伤); (2)机械伤害(夹伤)	(1)佩戴护目镜,使用手工具防止滑脱; (2)各岗位相互配合	井口工
3	安装高压针塞胶管	(1)物体打击(砸伤); (2)机械伤害(绞伤)	(1)各岗位相互配合; (2)佩戴护目镜; (3)工具使用半径范围内人员撤离; (4)清理工作台面	(1)技术员; (2)井口工

136. 水泥罐车清罐作业工作安全分析表

编号:编号:JSA-GJ003

单位			
作业负责人			

工作任务简述: 水泥罐车清罐作业

作业人员		需要的特种作业人员资质	责任人(岗位)

序号	工作步骤	危害描述	危害控制措施	
1	车辆摆放	车辆伤害	(1)专人指挥下,将车辆停放到指定位置; (2)停车支垫掩木,作业区域拉警戒隔离带	(1)驾驶员; (2)操作工
2	清罐准备	中毒、窒息,坠落,物体打击	(1)上罐时抓好扶手,系好安全带; (2)打开罐体放空阀,使罐内压力归零,打开罐盖自然通风10~15min,检测罐内含氧量大于19.5%后进行作业; (3)专人监护,检测人员佩戴防尘面罩及防护眼镜并做好缺氧急救措施; (4)合理使用工具,正确用力,对罐盖进行固定	(1)操作人员; (2)中队干部

续表

单位			
作业负责人			
工作任务简述	水泥罐车清罐作业		
序号	工作步骤	作业人员	需要的特种作业人员资质
		危害描述	危害控制措施	责任人（岗位）
3	清灰作业	(1) 中毒和窒息； (2) 水泥粉尘伤害	(1) 佩戴安全带及防尘口罩，监护人员必须与罐内人员保持互动； (2) 罐内作业人员应每隔10min出罐透气一次，正确使用清理工具	(1) 监督员； (2) 操作工
4	恢复和停车	(1) 环境污染； (2) 车辆伤害	(1) 检查罐盖和罐盖密封垫； (2) 剩余水泥运到指定存放点； (3) 施工结束应及时清理工具，确保罐体内外无工具及杂物残留； (4) 专人指挥，将车辆停放到指定位置	(1) 操作工； (2) 驾驶员

137. 检修称重罐工作安全分析表

编号：JSA-GJ004

单位			
作业负责人			
工作任务简述	检修称重罐		
序号	工作步骤	作业人员	需要的特种作业人员资质
		危害描述	危害控制措施	责任人（岗位）
1	拆卸底封井打开人孔盖板	物体打击（砸伤）	(1) 使用松动剂，使用扭力工具，用力要均匀； (2) 底封与罐体的链接部对角留2条卸松的螺栓，作业人员用支杠对位支撑后拆去螺栓； (3) 人员使用绳索将底部托水平整宽阔的地面	(1) 操作工； (2) 中队干部
2	氧气浓度检测	中毒和窒息，水泥粉尘伤害	通风置换，用气体检测仪器确保罐内的氧浓度19.5%~23%	(1) 操作工； (2) 监督员
3	清理称重罐气化床	中毒和窒息，水泥粉尘伤害	(1) 操作工佩戴防尘口罩； (2) 操作工携带照明设施	(1) 操作工； (2) 监督员
4	紧固人孔盖板、安装底封	物体打击（砸伤）	(1) 戴好防护手套，使用扭力扳手用力均匀； (2) 用支架托起底封，将螺栓孔眼对齐后，对位固定2条螺栓进行固定	操作工

138. 吊装14m钻探胶管工作安全分析表

单　位				编号：JSA－GJ005
作业负责人				吊装14m钻探胶管
序号	工作任务简述			
	工作步骤	作业人员		
		危害描述	危害控制措施	需要的特种作业人员资质	责任人（岗位）

单　位				编号：JSA－GJ005
作业负责人			吊装14m钻探胶管	
序号	工作步骤	危害描述	危害控制措施	需要的特种作业人员资质	责任人（岗位）
1	取卸并检查14m钻探胶管	物体打击（砸伤）	(1) 多人配合作业，手抓牢管线，站位合理，注意脚下及周边情况； (2) 专人进行指挥； (3) 检查胶管磨损状况，保险绳是否紧固	吊装操作证、指挥证、司索证	(1) 驾驶员； (2) 带队干部； (3) 操作工
2	管线起吊	起重伤害	(1) 设置专职指挥人员，遵守"十不吊"规定； (2) 使用引绳并缓慢起吊		(1) 带队干部； (2) 操作工
3	胶管在钻台放落	物体打击（砸伤）	(1) 管线下方严禁站人； (2) 管线缓慢放落； (3) 密切关注钻台人员动态		(1) 带队干部； (2) 操作工
4	安装	物体打击（砸伤）	(1) 接管时使用引绳，注意脚下站稳，与钻台人员保持相应距离，同时大门坡道口的防滑链必须挂好； (2) 敲击作业要专人配合，使用榔头用力均匀		操作工

139. 清理除尘罐工作安全分析表

单　位				编号：JSA－GJ006
作业负责人			清理除尘罐	
序号	工作步骤	危害描述	危害控制措施	需要的特种作业人员资质	责任人（岗位）
1	拆卸底封并打开人孔盖板	物体打击（砸伤）	(1) 使用松动剂，使用扭力工具，用力要均匀； (2) 底封与罐体的链接部对角留2条卸松的螺栓，作业人员用支杠对位支撑后拆去螺栓； (3) 人员使用绳索将底封托人平整宽阔的地面		(1) 操作工； (2) 中队干部

续表

单位				
作业负责人		工作任务简述	清理除尘罐	
序号	工作步骤	危害描述	危害控制措施	需要的特种作业人员资质	责任人(岗位)
2	氧气浓度检测	中毒和窒息,水泥粉尘伤害	(1)通风置换,用气体检测仪器确保罐内的氧浓度为19.5%~23%; (2)办理受限空间作业许可		(1)操作工; (2)监督员
3	清理除尘罐	中毒和窒息,水泥粉尘伤害	(1)操作工佩戴防尘口罩; (2)操作工携带照明设施		(1)操作工; (2)监督员
4	紧固人孔盖板安装底封	物体打击(砸伤)	(1)戴好防护手套,使用扭力扳手用力均匀; (2)用支架托起底封,将螺栓孔眼对齐后,对位固定2条螺栓进行固定		操作工

140. 高压胶管检测工作安全分析表

编号:JSA-GJ007

单位				
作业负责人		工作任务简述	高压胶管检测	特种设备检验检测人员证
序号	工作步骤	危害描述	危害控制措施	需要的特种作业人员资质	责任人(岗位)
1	检查并固定高压胶管	物体打击(砸伤)	(1)检查胶管外观有无严重磨损; (2)劳保齐全,合理站位,正确握抓椰头手柄; (3)固定后进行复查,确保各连接处紧固		(1)作业人员; (2)监督员
2	试压憋压	(1)物体打击(砸伤); (2)高压液体刺伤	设置隔离带,人员撤离至安全区,压力不得超过15MPa		(1)作业人员; (2)监督员
3	泄压	高压液体刺伤	禁止交叉作业,设置超压保护装置,禁止人员靠近高压区		(1)监督员; (2)作业人员
4	拆除	(1)物体打击(砸伤); (2)高压液体刺伤	压力泄完后才开始作业		(1)监督员; (2)作业人员

141. 吊装配液罐工作安全分析表

编号:JSA-GJ008

单 位				
作业负责人		工作任务简述	吊装配液罐	
		作业人员	需要的特种作业人员资质	起重操作证、起重指挥证、起重司索证
				责任人(岗位)
序号	工作步骤	危害描述	危害控制措施	
1	吊车摆放	车辆伤害	设置警戒隔离区域,专人指挥	指挥人员
2	试吊	起重伤害	拴挂双引绳,拴挂牢固	司索工
3	吊放指定位置	起重伤害	专人指挥严格遵守公司"十不吊"规定	(1)安全监督员;(2)指挥人员;(3)吊车驾驶员
4	清理现场	环境污染	清理现场杂物,避免环境污染	作业人员

142. 焊接橇装罐搅拌器工作安全分析表

编号:JSA-GJ0009

单 位				
作业负责人		工作任务简述	焊接橇装罐搅拌器	
		作业人员	需要的特种作业人员资质	焊接与热切割作业证
				责任人(岗位)
序号	工作步骤	危害描述	危害控制措施	
1	打开罐盖	夹伤、高处坠落	撑起罐顶护栏,作业人员劳保护具穿戴齐全,脚下踩实,两人配合完成,注意观察四周	操作工
2	检测氧气浓度	中毒和窒息,水泥粉尘伤害	通风10~15min,检测罐内氧气浓度为19.5%~23%	(1)中队干部;(2)操作工
3	进入罐内焊接	中毒和窒息	(1)劳保护具齐全,作业时必须有一人在罐顶进行监护;(2)保证空气畅通,防止窒息,作业人员连续作业时间不得大于5min	(1)中队干部;(2)电焊工
4	关闭罐盖	夹伤、高处坠落	撑起罐顶护栏,作业人员劳保护具穿戴齐全,脚下踩实,两人配合完成,注意观察四周	操作工
5	清罐结束后清理现场	环境污染	作业完毕及时清理作业现场杂物	操作工

143. 安装机床工作安全分析表

编号:JSA－GJ010

单位		安装机床		编号:JSA－GJ010
作业负责人		工作任务简述	需要的特种作业人员资质	责任人(岗位)
		作业人员		起重机械操作司机(桥式吊)证
序号	工作步骤	危害描述	危害控制措施	责任人(岗位)
1	起吊设备	起重伤害	(1)绳套拴挂牢靠,保持机床平衡,控制起吊速度,操作人员站在安全位置; (2)在起吊设备时,应使用牵引绳	(1)行吊操作工; (2)监督员; (3)作业人员
2	摆放设备	挤压伤害	控制吊物运动速度,平稳操作,防止吊物摆幅过大,在摆放时人员站在安全位置	(1)行吊操作工; (2)监督员; (3)作业人员
3	安装设备	(1)物体打击; (2)挤压伤害	(1)应侧面使用撬杠,严禁正面使用,防止外力作业下撬杠伤人; (2)选择正确的工具进行设备固定,扳手开口应正向使用	作业人员
4	试运行	触电、机械伤害	(1)机床外完必须接地,接通电源前应对设备进行全面检查,设备安全附件必须齐全,控制试运行时间; (2)发现异常立即断电	作业人员

144. 压风机维护保养工作安全分析表

编号：JSA-GJ011

单 位				
作业负责人				低压电工作业证
	工作任务简述	压风机维护保养		
	作业人员		需要的特种作业人员资质	责任人（岗位）
序号	工作步骤	危害描述	危害控制措施	
1	断开总电源	触电	（1）作业时必须3人以上，操作人员必须佩戴齐全劳保保护具才能上岗； （2）电控箱必须上锁挂签，并有专人监护； （3）对设备进行放余电措施处理后方可作业	电工
2	打开防护罩	挤压伤害	打开压风机防护罩时必须缓慢进行，防止倒塌伤人	压风机操作工
3	维护保养	火灾	（1）检查油面时注意手中不得拿其他物品，标尺拔出后先用干净毛巾擦拭干净再用标尺进行测量，查看油面位置是否在标准范围内； （2）擦拭内部灰尘时，先观察好合理位置，擦拭不上的地方要及时调整人员位置，不得简化作业	压风机操作工
4	关闭防护罩	挤压伤害	安装压风机防护罩时必须缓慢进行，相互配合	压风机操作工

145. 桥吊吊放管材作业工作安全分析表

编号：JSA-GJ012

单 位				
作业负责人				起重机械操作司机（桥式吊）证
	工作任务简述	桥吊吊放管材作业		
	作业人员		需要的特种作业人员资质	责任人（岗位）
序号	工作步骤	危害描述	危害控制措施	
1	检查吊具及管材	起重伤害	（1）检查桥吊轨道，档位置确保完好； （2）检查管材在桥吊额定起重范围之内； （3）禁止使用偏平布带吊具，应选择起重钢丝绳吊具	行吊操作工
2	挂吊物	物体打击（碰撞）	（1）严禁站在易甩头或钢管之间，用垫木支好以后，选择合理的位置穿钢丝绳进行操作； （2）提起钢管的一端，方可穿钢丝绳站立作业； （3）钢丝绳套挂好后，人员从车上离开，站到安全位置	汽修工

续表

单 位		桥吊吊放管材作业		起重机械操作司机(桥式吊)证
作业负责人			需要的特种作业人员资质	责任人(岗位)
序号	工作步骤	危害描述	危害控制措施	
3	起吊	起重伤害	(1)将管材单根进行捆绑起吊; (2)起吊前,仔细观察四周,进行试吊,再鸣笛,确保安全后再起吊,应平稳进行; (3)禁止歪拉斜吊,指定专人指挥,统一手势,系引绳	汽修工
4	放物	起重伤害	移到目的地后匀速放下,管材必须放在管架上,确保稳固	汽修工

146. 潜水泵供水作业工作安全分析表

编号:JSA-GJ013

单 位		潜水泵供水作业		低压电工作业证
作业负责人			需要的特种作业人员资质	责任人(岗位)
序号	工作步骤	危害描述	危害控制措施	
1	接电源	触电	专业电工作业,接通电源前上锁挂签	电工
2	试运转	触电	(1)闸门处和水罐处各1人相互配合; (2)合闸不超过5s; (3)戴好专业绝缘手套	固井工
3	下放潜水泵	触电、高处坠落	(1)切断电源; (2)两人配合作业,上提下举,拴挂牵引绳	固井工
4	供水	物体打击(砸伤)	管线连接可靠,有刺漏立即停止作业进行更换	固井工
5	收泵	高处坠落、物体打击(砸伤)	两人配合作业,上放下接	固井工

147. 检修水井作业工作安全分析表

编号：JSA-GJ014

单位				
作业负责人				
	工作任务简述	检修水井作业		
	作业人员			
序号	工作步骤	危害描述	危害控制措施	需要的特种作业人员资质	低压电工作业证 责任人（岗位）
1	断开电源	触电	作业前断开潜水泵电源，并由专人监护		(1) 电工； (2) 干混中心主任
2	打开井盖，起出潜水泵	物体打击（砸伤）、中毒窒息	(1) 使用工具将井盖起出后使用绳索将井盖拖至安全地点； (2) 起泵时使用双绳索起吊，操作过程中用力均匀，控制起吊速度，专人指挥； (3) 通风置换，氧气浓度大于19.5%时，人员进行作业		(1) 检修人员； (2) 干混中心主任
3	检修水井	淹溺、中毒窒息	(1) 确保井口通风良好； (2) 检修人员系安全绳，并在井内设置照明设施； (3) 检修人员系安全绳，穿戴防水雨鞋及安全防护防水衣服		(1) 干混中心主任； (2) 检修人员
4	下放潜水泵、盖上井盖	物体打击（砸伤）	(1) 下泵时使用双绳索放下，操作过程中用力均匀，配合进行； (2) 使用工具将井盖支撑至取出绳索、撤掉支撑物		检修人员

148. 检查工房行吊轨道螺栓工作安全分析表

编号：JSA-GJ015

单位				
作业负责人				
	工作任务简述	检查工房行吊轨道螺栓		
	作业人员			
序号	工作步骤	危害描述	危害控制措施	需要的特种作业人员资质	起重机械操作司机（桥式吊）证、低压电工作业证 责任人（岗位）
1	切断电源及刹车	触电	作业前切断电源，并悬挂安全警示牌，并由专人监护		电工
2	上桥吊	高处坠落	双手抓牢梯子，脚下踩实，注意观察，防止滑落		行吊操作工

续表

单 位		工作任务简述	检查工房行吊机道螺栓		
作业负责人		作业人员		需要的特种作业人员资质	起重机械操作司机(桥式吊)证、低压电工作业证
序号	工作步骤	危害描述	危害控制措施		责任人(岗位)
3	检查螺栓	高处坠落	(1)检查螺栓时要系好安全带,人员站位得当,由专人监护; (2)行吊下方严禁站人		(1)班组长; (2)行吊操作工
4	下桥吊	高处坠落	双手抓牢梯子,脚下踩实,注意观察,防止滑落		行吊操作工

149. 焊接库房货架工作安全分析表

编号:JSA-GJ016

单 位		工作任务简述	焊接库房货架		
作业负责人		作业人员		需要的特种作业人员资质	焊接与热切割作业证、低压电工作业证
序号	工作步骤	危害描述	危害控制措施		责任人(岗位)
1	清理货架	物体打击(砸伤)	劳保护具穿戴齐全,清理高处物品时应有两人配合完成		仓库保管工
2	接电	触电	由专业电工完成,使用的配电设施:配电箱、配电板、闸刀开关、按钮开关、插座、插销,不得有破损或带电部位裸露		(1)电工; (2)电焊工
3	焊接货架	触电、火灾	(1)焊接现场必须隔离,禁火,设置灭火器; (2)必须监护焊接人员进行焊接作业; (3)移动设备一定要切断电源,移动过程保护好导线外绝缘胶皮		(1)电焊工; (2)电工
4	工具回收	灼烫、触电	(1)回收设备之前确保电源被切断; (2)等焊接部位冷却后,再进行归整		(1)电工; (2)仓库保管工

— 137 —

150. 吊装25m³立式下水泥罐工作安全分析表

编号:JSA-GJ017

单 位				
作业负责人				
工作任务简述	吊装25m³立式下水泥罐			
序号	工作步骤	危害描述	危害控制措施	需要的特种作业人员资质	责任人(岗位)
1	作业前准备	人员伤害、设备损坏	(1)吊绳经过的棱角处应加衬垫； (2)指定专人指挥，佩戴明显标志； (3)选择符合安全技术要求的吊索、吊具； (4)对吊车、索具、吊具进行安全检查，对吊装区域内(空中、地面)进行安全检查；吊挂应牢固平衡，吊点和吊物的重心应在一条直线上	起重操作证、起重指挥证、起重司索证	(1)指挥人员； (2)司索工； (3)吊车驾驶员
2	试吊	设备损坏、坠落伤人	(1)系好引绳； (2)注意观察吊绳的绷紧度，防止脱离和打扭		司索工
3	吊装	人员伤害、坠落伤害	(1)吊钩或吊物下有人，吊物上有浮置物时，严禁进行起重操作； (2)吊车驾驶员在吊钩滑轮与吊物保持安全距离； (3)起重吊臂、吊钩直接用手扶吊物； (4)严禁直接用手扶吊物； (5)在下放吊物过程中严禁自由下落，严禁在起吊物就位前解开吊索具		(1)吊车驾驶员； (2)司索工
4	清理现场	碰伤、挤压	(1)将吊钩和起重臂放置到规定的稳妥位置； (2)立式下水泥罐摆放到位置平整，罐体无倾斜； (3)所有控制手柄均放到零位； (4)将吊索、吊具收回放置于指定的地方，并对其进行检查和维护		(1)吊车驾驶员； (2)作业人员； (3)作业人员

151. 装、混水泥作业工作安全分析表

编号:JSA－GJ018

单　位			在生产基地进行水泥装、混作业		
作业负责人			工作任务简述	需要的特种作业人员资质	
序号	工作步骤	作业人员	危害控制措施		责任人(岗位)
		危害描述			
1	启动压风机	误操作，损坏设备	(1)严格按《压风机操作规程》操作； (2)加强设备操作培训，提高操作技能		压风机操作工
2	外来拉水泥车进入水泥场地	(1)车速过快，损坏现场设备、设施； (2)碰伤工作人员； (3)发生车辆擦刮事件	(1)进入装水泥场地，严格控制车速5km/h； (2)现场工作人员指挥或按现场人员制定的路线进入装水泥场地； (3)外来司机必须听现场人员指挥，不得擅自行动		(1)技术干部； (2)特种车司机
3	打开货箱卸水泥	(1)人员碰伤； (2)坠落摔伤； (3)水泥压伤	(1)车辆停稳，不得靠近； (2)打开货箱时，必须站稳，有人监督； (3)搬动水泥，必须两人以上，同时穿戴齐安全防护用品		技术干部
4	搬运添加剂	(1)碰伤； (2)重物压伤	(1)搬运添加剂时，清除添加剂周围的杂物，防止碰伤； (2)搬运添加剂时，注意观察，从上而下搬动添加剂，不得从堆垛下部或中部抽空搬运		技术干部
5	混配水泥	(1)铁锹碰伤； (2)粉尘伤眼	(1)远离铁锹周围，不得站在铁锹运行机迹范围内； (2)混配水泥时，必须佩带护目镜等安全防护用具		技术干部
6	憋压转水泥	高压伤人	(1)人员远离高压区； (2)严禁憋压压力超过罐定压力； (3)憋压前检查压力表是否正常，压力表通道是否堵塞； (4)转水泥前检查水泥过滤器，保证过滤器隔板无杂物		压风机操作工

— 139 —

152. 吊装水泥头、高压管汇架作业工作安全分析表

编号:JSA－GJ019

单 位			工作任务简述	吊装水泥头、高压管汇架		
作业负责人			作业人员		需要的特种作业人员资质	责任人(岗位)
					起重机械操作(司机、司索、指挥)证	司索工
序号	工作步骤	危害描述	危害控制措施			
1	选择吊索、吊具	吊索、吊具断裂	仔细检查和选择吊具,确保吊具符合规范要求			司索工
2	吊车就位,打千斤腿	(1)车辆伤害; (2)下陷倾覆; (3)砸伤	(1)倒车专人指挥; (2)选择地基坚实的地方,千斤顶下面垫钢板; (3)抬垫钢板两人协调配合			(1)起重工; (2)指挥信号工
3	挂绳套、试吊	(1)失衡倾覆; (2)夹手; (3)扭伤脚	(1)把吊物挂平衡,吊物不与其他固定物连接; (2)专人指挥,不要把手放在吊索与吊物之间			司索工
4	起吊移动吊物	(1)吊物坠落砸伤人; (2)吊物游动碰伤人	(1)警戒区严禁有人; (2)起吊物捆绑牢靠,无零散物; (3)吊物使用牵引绳; (4)吊物尽量不要高于人体			起重工
5	放置吊物	(1)压伤; (2)压损设备、物资	(1)吊物低位手扶时,肢体保持安全距离; (2)有足够空间; (3)摆放位置,清理干净无杂物			指挥信号工
6	取吊具(取绳套)	绳套打扭伤人	吊索松池后,用工具摘绳套			司索工

153. 现场取水泥作业工作安全分析表

编号:JSA-GJ020

单 位					
作业负责人		工作任务简述	固井作业现场取水泥		
序号	工作步骤	作业人员			
		危害描述	危害控制措施	需要的特种作业人员资质	责任人(岗位)
1	工具准备	人员伤害	(1)手工具无缺陷; (2)取灰器完好		现场试验员
2	检查储水泥罐	粉尘伤害	(1)检查压力表,确保罐内无压力; (2)打开排空阀		现场试验员
3	取水泥	粉尘伤害	(1)取水泥人员正确使用手工具; (2)取水泥人员尽量站在上风方向,防灰尘; (3)取水泥人员带好护目镜,防尘口罩		现场试验员

154. 挤水泥工作安全分析表

编号:JSA-GJ021

单 位					
作业负责人		工作任务简述	挤水泥施工		
序号	工作步骤	作业人员			
		危害描述	危害控制措施	需要的特种作业人员资质	责任人(岗位)
1	连接管线	物体打击	(1)用榔头进行敲击作业时戴护目镜; (2)高压管线栓保险绳		操作工
2	试挤	物体打击	(1)按照施工要求正确开关闸门,开泵前认真检查线流程; (2)专人指挥,高压区严禁站人; (3)时刻关注大泵压力变化,小量开泵,待井口出水正常后慢慢提高排量		操作工

续表

单位	挤水泥施工		
作业负责人			
序号	工作步骤	工作任务简述	
		作业人员	
		危害描述	危害控制措施	需要的特种作业人员资质	责任人(岗位)
3	挤水泥	高压流体伤害	(1)专人指挥,高压区严禁站人; (2)关注压力变化,设置超压保护		操作工
4	反替	(1)物体打击; (2)中毒	(1)出液管线固定牢靠; (2)进行有毒有害气体检测		操作工
5	拆管线	物体打击	用榔头进行敲击作业时戴护目镜		操作工

155. 水泥浆稠化试验工作安全分析表

编号:JSA-GJ022

单位	水泥浆稠化试验		
作业负责人			
序号	工作步骤	工作任务简述	
		作业人员	
		危害描述	危害控制措施	需要的特种作业人员资质	责任人(岗位)
1	安装调试仪器	触电	仔细检查插线板、电源线		(1)检验员; (2)试验工
2	测试中	高温高压	禁止直接接触釜体和撞击高压管路		(1)检验员; (2)试验工
3	拆卸、清洗浆杯	烫伤,划伤	(1)冷却,禁止直接接触釜盖,用工具清洗浆叶; (2)穿戴好防护手套、护目镜和口罩		(1)检验员; (2)试验工
4	配件整理	烫伤	冷却前禁止直接用手接触电位器、釜盖		(1)检验员; (2)试验工

— 142 —

156. 工作液配制作业工作安全分析表

编号：JSA-GJ023

单 位			固井现场配液		
作业负责人			工作任务简述	需要的特种作业人员资质	高处作业证
			作业人员		责任人（岗位）
序号	工作步骤	危害描述	危害控制措施		
1	攀爬水罐	人员高空坠落	(1) 系好安全带； (2) 穿戴好劳保用品		现场试验员
2	搬运药品	药品桶跌落伤人	(1) 在水罐上搬运药品时下方禁止站人； (2) 使用坚韧度高的绳索		现场试验员
3	往水罐倾倒药品	药品飞溅损伤皮肤或眼睛	(1) 穿戴好劳保用品； (2) 倾倒药品时动作轻缓		现场试验员
4	开泵循环药水	触电	严禁私自触动电源，由井队水罐工操作		现场试验员

五、测录井专业

157. 高温高压试验工作安全分析表

编号:编号:JSA-CJ001

单 位			高温高压试验		
作业负责人			工作任务简述	需要的特种作业人员资质	容器操作证、起重机操作证
			作业人员		责任人（岗位）
序号	工作步骤	危害描述	危害控制措施		
1	试验件安装	(1) 吊索、吊具断裂造成高空落物，人身伤害； (2) 起重机刹车失灵，人身伤害和设备损坏	(1) 仔细检查吊索、吊具，确保吊具符合规范要求，定期进行更换； (2) 加强起重机定期保养和检查		(1) 操作者； (2) 室主任

— 143 —

续表

单位				工作任务简述	高温高压试验		
作业负责人				作业人员		需要的特种作业人员资质	容器操作证、起重机操作证
序号	工作步骤	危害描述	危害控制措施				责任人(岗位)
2	加压	(1)密封头窜出,人身伤害和设备损坏; (2)容器堵头滑落,人身伤害和设备损坏; (3)爆破片失灵,人身伤害和设备损坏; (4)压力泄漏,人身伤害; (5)超高压加压系统、釜体和管线内介质泄漏,人身伤害	(1)一人装配,另一人确认;确认螺纹压啃刻度线是否对位; (2)加强设备启动前检查和确认; (3)定期更换爆破片; (4)工作前拧紧检查管线接头、螺栓螺母连接件,更换易损密封件; (5)定期检查打紧连接处的螺栓、螺母,对密封件进行检查更换			操作者
3	加温	加热器、阀、管线连接不牢,导热油飞溅,人身伤害	定期检查拧紧各连接处的螺栓、螺母,对密封件进行检查更换			操作者
4	恒温恒压	(1)测温测压仪表失灵,设备损坏; (2)超高压加压系统、釜体和管线爆裂,设备损坏	(1)定期校验测温测压仪表; (2)定期检查和校验压力表、压力变送器,定期更换爆破片;定期全面检验釜主体			室主任
5	降温	循环水泵、冷却器失灵,设备损坏	加强设备启动前检查和保养			操作者
6	泄压	压力泄漏,人身伤害	加强手动和自动泄压阀的检查和保养,泄压前检查排气口周围无人,手动泄压时人员采用侧向站位			操作者
7	试验件拆卸	(1)压力泄漏,人身伤害; (2)高温烫伤,人身伤害; (3)试验件渗漏压力,人身伤害; (4)吊索、吊具断裂造成高空落物,人身伤害	(1)容器内压力须为零,且开启手动卸阀; (2)温度应低于70℃以下才能进行试验件的拆卸; (3)人员侧向站位,戴防护面罩,缓慢拆卸连接件; (4)仔细检查吊索、吊具,确保吊具符合规范要求,定期进行更换			操作者

158. 行车吊装作业工作安全分析表

编号:JSA-CJ002

单 位		工作任务简述		行车吊装	
作业负责人		作业人员		需要的特种作业人员资质	行车操作证
序号	工作步骤	危害描述	危害控制措施		责任人(岗位)
1	行车及索具检查	索具伤手	戴好手套		操作工
2	行车就位	(1)起重伤害; (2)砸伤	(1)行车吊装由专人指挥; (2)行车作业人员取得资质; (3)行车行驶路线上清除所有人员		操作工
3	挂绳套、试吊	(1)失衡倾覆; (2)夹手	(1)把吊物挂平衡;吊物不与其他定物连接; (2)专人指挥,不要把手放在吊索与吊物之间		司索工
4	起吊移动吊物	(1)吊物坠落砸伤人; (2)吊物游动碰伤人或碰到物	(1)警戒区严禁有人; (2)起吊物捆绑牢靠,无零散物; (3)使用牵引绳防止吊物晃动; (4)行车行驶路线上清除所有人员,并使用警铃进行警示		操作工
5	放置吊物	(1)压伤、夹伤; (2)受压损坏设备、物资	(1)吊物低位手扶时,肢体保持安全距离; (2)有足够空间; (3)摆放位置,清理干净无杂物		操作工
6	取吊具(取绳套)	绳套打扭伤人	吊索松弛后,用工具摘绳套		司索工

— 145 —

159. 压制射孔弹工作安全分析表

编号：JSA-CJ003

单位		工作任务简述	把装药弹壳送入压机室的模具内,启动压弹机进行压制,退模后取出射孔弹		
作业负责人		作业人员	危害控制措施	需要的特种作业人员资质	需持有射孔弹制造操作证
序号	工作步骤	危害描述	危害控制措施	需要的特种作业人员资质	责任人（岗位）
1	装卸模具	模具滑落砸伤人,使用工具打滑使人碰伤	操作人员要用双手抱稳较重的模具；装配中要正确站位,不能用力过猛,以防打滑		压装工
2	校模	带高压操作,人员配合不当,压伤手	加强培训,使员工掌握压弹校模安全操作		压装工
3	送入射孔弹	(1)防夹手装置失效,压冲头与壳套间距小于规定值,挤压伤手； (2)装药弹壳入模或罩圈放置不正面引起爆炸伤人	(1)工作前检查防夹手装置,确认其有效性； (2)加强对防夹手装置的定期鉴定和保养； (3)调整压弹冲头与壳套间的距离,应保证大于120mm； (4)加强培训,使员工掌握压弹机安全操作		压装工
4	压制射孔弹	压制射孔弹时意外爆炸伤人	加强检查,确保安全连锁装置可靠,关闭防护门		压装工
5	取出射孔弹	顶出缸动作异常,人员取弹姿势不对,挤压伤手	加强对顶出缸的检查,操作人员用手应从侧面方向取出射孔弹		压装工

160. 现场吊装井口防喷装置工作安全分析表

编号:JSA－CJ004

单 位				吊装井口防喷装置		
作业负责人			工作任务简述			起重操作证,起重指挥证,司索证
			作业人员		需要的特种作业人员资质	责任人(岗位)
序号	工作步骤	危害描述	危害控制措施			
1	检查吊索、吊具	吊索、吊具断裂造成高空落物	仔细检查吊索、吊具,确保吊具符合规范要求			司索工
2	吊车就位、打千斤腿	(1)车辆伤害; (2)砸伤	(1)车辆摆放,倒车由专人指挥; (2)两人协调配合抬垫钢板			(1)指挥人员; (2)吊车驾驶员
3	挂绳套,试吊	(1)失衡倾覆; (2)夹手	(1)把防喷装置挂平衡,防喷装置不与其他固定物连接; (2)专人指挥,不要把手放在吊索与防喷装置之间			司索工
4	起吊移动防喷装置	(1)防喷装置坠落砸伤人; (2)防喷装置游动碰伤人或碰到物	(1)警戒区严禁有人; (2)防喷装置捆绑牢靠,无其他零散物; (3)防喷装置尽量不要高于人体			吊车驾驶员
5	安置防喷装置	(1)压伤、夹伤; (2)受压损环设备、物资	(1)低位手扶防喷装置时,肢体保持安全距离; (2)检查操作平台是否牢固可靠,佩戴安全带; (3)摆放位置需清理干净无杂物			指挥人员
6	取吊具(取绳套)	绳套打扭伤人	吊索松池后,用工具摘绳套			司索工

161. 井口无钻井平台传输测井工作安全分析表

编号:JSA－CJ005

单位					
作业负责人			井口无钻井平台传输测井		
序号	工作步骤	工作任务简述			
		作业人员	危害描述	危害控制措施	需要的特种作业人员资质 井控证、H₂S证	责任人(岗位)

序号	工作步骤	危害描述	危害控制措施	需要的特种作业人员资质 井控证、H₂S证	责任人(岗位)
1	安装井口，连接套管螺纹	(1)井口落物； (2)人员伤害； (3)螺纹损伤	(1)遮盖好井口； (2)人员相互配合好； (3)安装井口装置时对扣用手引入扣，防止损伤螺纹		(1)小队长； (2)井口工
2	旁通及电缆入井	(1)旁通入井造成电缆伤害； (2)电缆入井被钻具碰伤； (3)绞车扭力未调好，造成电缆损伤	(1)井口岗位人员把好井口人井工具关，钻具缓慢下人井内； (2)电缆入井确保电缆进入保护槽和保护轮内； (3)电缆入井后，绞车一定要调整好扭力		(1)井口工； (2)绞车工
3	传输过程	(1)电缆与钻具缠绕； (2)电缆打结； (3)井口电缆跳槽	(1)严禁油车转动，控制好吊卡位置； (2)绞车调整好扭力保持电缆与钻具同步； (3)控制好钻具起下速度，随时观察偏心轮的运行		(1)绞车工； (2)井口工
4	对接过程	(1)电缆损伤； (2)人员伤害	(1)控制好泵压； (2)在加压过程中，人员站在安全位置，防止由于密封件损坏，导致压力外泄伤人		(1)小队长； (2)绞车工
5	旁通电缆起出井口	(1)电缆与钻具缠绕； (2)压伤电缆、电缆跳槽	(1)放松电缆，缓慢起出电缆； (2)电缆起出井口前控制好速度，绞车工服从井口指挥人员的指挥		井口工

162. 专用测井方瓦装车工作安全分析表

编号:JSA-CJ006

单位		工作任务简述		专用测井方瓦装车		
作业负责人						
序号	工作步骤	危害描述	危害控制措施	需要的特种作业人员资质	责任人(岗位)
1	选择钢丝绳及吊具	钢丝绳断裂砸伤人	仔细检查钢丝绳,卸扣及手拉葫芦,确保符合规范		地面岗
2	安装支架	(1)支架倒下伤人; (2)支架安装不到位导致吊装时脱落伤人	(1)专人指挥,多人配合安装; (2)安排专人负责检查支架是否完全进入底座		指挥人员
3	安装手拉葫芦	(1)卸扣未安装牢靠,葫芦坠落伤人; (2)葫芦链条断裂,方瓦坠落伤人	(1)专人负责检查卸扣安装是否到位; (2)专人检查葫芦链条是否符合规范		地面岗
4	试吊	(1)失衡倾覆; (2)方瓦移动碰动伤人	(1)使用牵引绳; (2)非操作人员注意站位,操作人员注意站位,防止方瓦移动碰伤及坠落砸脚		操作人员
5	起吊移动方瓦	(1)方瓦坠落砸伤人; (2)方瓦游动碰伤人或碰到物	(1)使用牵引绳; (2)非操作人员注意站位,操作人员注意站位,防止方瓦移动碰伤及坠落砸脚		操作人员
6	放置方瓦	(1)人员压伤,砸伤; (2)设备,物资受压损坏	(1)低位手扶方瓦时,肢体保持安全距离; (2)摆放位置要清理干净无杂物		指挥人员
7	取支架及葫芦	支架倾倒,葫芦坠落伤人	专人指挥,多人协调配合		指挥人员

163. 安装出口流量传感器工作安全分析表

编号:JSA – LJ001

单 位			安装出口流量传感器		
作业负责人			工作任务简述		
			作业人员	需要的特种作业人员资质	责任人(岗位)
			用对讲机等加强沟通		操作工
序号	工作步骤	危害描述	危害控制措施		
1	传感器测试	设备损坏			
2	安装人员进入安装位置	(1)高处坠落; (2)滑跌受伤; (3)高空落物	(1)佩戴好全身式安全带; (2)安全带高挂低用; (3)作业前清理作面的油污、钻井液等湿滑物; (4)对相关作业方进行安全提示		大班
3	传感器放置进安装孔	(1)物体打击; (2)设备损坏	(1)落实作业监护人; (2)采取绳吊方式		大班
4	传感器紧固螺栓	(1)挤压伤; (2)高处坠落; (3)高空落物	(1)使用合适的安装工具; (2)选择如跨骑等适当的姿势; (3)使用工具收纳袋或工具系上尾绳		大班

164. 吊装仪器房(地质房)工作安全分析表

编号:JSA – LJ002

单 位			吊装仪器房(地质房)		
作业负责人			工作任务简述		
			作业人员	需要的特种作业人员资质	责任人(岗位)
			仔细检查吊索、吊具,确保吊索、吊具符合规范要求	吊装操作证、指挥证、司索证	大班
序号	工作步骤	危害描述	危害控制措施		
1	选择吊索、吊具	高空落物	(1)合理分工,一人负责垫枕木,一人进行监护; (2)专人指挥; (3)选择地基坚实的地方		(1)队长; (2)操作工
2	吊车就位,打腿	(1)挤压受伤; (2)车辆伤害; (3)下陷倾覆			

续表

吊装仪器房（地质房）

单 位			
作业负责人			
序号	工作步骤	工作任务简述	
		作业人员	
		危害描述	危害控制措施	需要的特种作业人员资质	责任人（岗位）
3	起挂、试吊	(1) 手指夹伤； (2) 吊物脱落伤人	(1) 专人指挥； (2) 吊物不与其他固定物连接； (3) 试吊检查吊物平衡度		吊装操作证、指挥证、司索证 (1) 大班； (2) 操作工
4	起吊移动	(1) 吊物坠落伤人； (2) 移动碰伤人或吊物	(1) 使用牵引绳控制摆动； (2) 吊物不高于人体； (3) 人员撤离至安全位置		大班
5	放置	(1) 压夹伤； (2) 吊物或其他设备损坏	(1) 使用牵引绳； (2) 人员撤离到安全位置		(1) 队长； (2) 大班
6	取吊索具	打扭伤人	吊索松弛后，用工具摘取吊索		大班

165. 安装仪器房主电源线工作安全分析表

编号：JSA－LJ003

安装仪器房主电缆

单 位			
作业负责人			
序号	工作步骤	工作任务简述	
		作业人员	
		危害描述	危害控制措施	需要的特种作业人员资质	责任人（岗位）
1	检查电缆	(1) 触电； (2) 断、短路	(1) 检查电缆线有无破皮磨损； (2) 进行断、短路测试，确保电缆完好		电工操作证 大班
2	电缆布线	(1) 线缆磨损； (2) 架空线路固定不牢； (3) 架空线路被放车辆等移动物体碰撞； (4) 埋管深度不够被车辆碾压	(1) 线槽走线，转角处加设防护胶垫； (2) 架设在专用支架上； (3) 架空线路距地面不得低于2.5m； (4) 埋管深度不小于0.7m		(1) 大班； (2) 操作工

续表

单 位		安装仪器房主电缆		
作业负责人		作业人员	需要的特种作业人员资质	电工操作证
序号	工作步骤	危害描述	危害控制措施	责任人（岗位）
3	接电源	(1) 触电； (2) 设备损坏	(1) 断开上级电源开关，并上锁挂签，专人监护； (2) 用试电笔进行测试； (3) 使用专用空气开关，严格执行"一机一闸一漏"规定	(1) 大班； (2) 操作工
4	通电测试	(1) 触电； (2) 设备损坏	严格遵循"总配电箱→分配电箱→开关箱"的送电操作顺序	(1) 队长； (2) 大班

166. 安装大饼式扭矩传感器工作安全分析表

编号：JSA－LJ004

单 位		安装大饼式扭矩传感器		
作业负责人		作业人员	需要的特种作业人员资质	责任人（岗位）
序号	工作步骤	危害描述	危害控制措施	
1	准备工具	碰撞，滑跌受伤	选择专用管钳	大班
2	起吊转盘盖板	(1) 盖板摆动撞击受伤； (2) 压伤	(1) 固定多点起吊位置并试吊； (2) 协调钻井专业人员操作气动绞车	(1) 大班； (2) 操作工
3	拆卸转盘顶丝	机械伤害	对司钻操作台转盘启动开关上锁挂签，专人监动	(1) 大班； (2) 操作工
4	安装大饼传感器和复位橡胶垫	(1) 高空落物伤害； (2) 设备损坏	(1) 安装时确保钻台下无人员走动； (2) 将传感器和复位橡胶垫的固定钢索挂在顶丝上	大班
5	紧固转盘顶丝	(1) 碰撞受伤； (2) 滑跌受伤	(1) 清理作业面； (2) 人员站在管钳外侧并控制好力度	大班

续表

安装大饼式扭矩传感器

单 位				
作业负责人				
序号	工作步骤	工作任务简述		责任人(岗位)
		作业人员	需要的特种作业人员资质	
		危害描述	危害控制措施	
6	预压力充油	(1)面部污染； (2)传感器损坏	(1)确保接头连接到位； (2)按要求进行预压力充油操作	大班
7	转盘盖板复位	(1)压伤； (2)设备损坏	协调钻井专业人员操作气动绞车	操作工

167. 安装立(套)压传感器工作安全分析表

编号:JSA－LJ005

安装立(套)压传感器

单 位				
作业负责人				
序号	工作步骤	工作任务简述		责任人(岗位)
		作业人员	需要的特种作业人员资质	
		危害描述	危害控制措施	
1	拆卸钻台压表	(1)碰撞,滑跌受伤； (2)高压伤害	(1)清理作业面油污等易滑物； (2)压力表回零,确保高压立管已泄压	(1)大班; (2)操作工
2	加接三通	碰撞,滑跌受伤	清理作业面油污等易滑物	大班
3	安装立压传感器	(1)碰撞,滑跌受伤； (2)高压伤害	(1)清理作业面油污等易滑物； (2)确保传感器位置对着钻台外侧或无人区	大班
4	开泵试压	(1)设备损坏； (2)高压伤害	(1)人员保持安全距离； (2)发现刺漏立即停泵整改	大班

168. 放喷测试上压取样工作安全分析表

编号：JSA－LJ006

单位				
作业负责人				
工作任务简述	放喷测试上压取样			
作业人员				责任人（岗位）
序号	工作步骤	危害描述	危害控制措施	需要的特种作业人员资质
1	取样工具准备	人员划伤	检查取样瓶，确保取样瓶无损坏	操作工
2	拆卸压力表	高压伤害	压力表回零后进行作业	操作工
3	取样	H_2S 中毒	(1) 控制旋塞阀开关度； (2) 采取专人监护作业，佩戴便携式 H_2S 监测仪； (3) 报警值超过 10×10^{-6} 佩戴正压式空气呼吸器	(1) 试油队长 (2) 操作工
4	送样物品的准备	H_2S 中毒	(1) 专人监护作业； (2) 在通风处进行作业； (3) 佩戴便携式 H_2S 监测仪； (4) 报警值超过 10×10^{-6} 佩戴正压式空气呼吸器	试油队长

169. 更换脱气器电动机工作安全分析表

编号：JSA－LJ007

单位				
作业负责人				
工作任务简述	更换脱气器电动机			
作业人员				责任人（岗位）
序号	工作步骤	危害描述	危害控制措施	需要的特种作业人员资质
1	脱气器电源断电	触电	(1) 脱气器空气开关上锁挂签，专人监护； (2) 用试电笔进行测试	大班
2	拆卸脱气器总成	(1) 滑跌受伤； (2) 压伤	(1) 清理作业面钻井液等易滑物； (2) 两人协同作业，分步进行拆卸	(1) 大班 (2) 操作工

续表

单位					
作业负责人					
	工作任务简述	更换脱气器电动机			
序号	工作步骤	危害描述	危害控制措施	作业人员 需要的特种作业人员资质	责任人(岗位)
3	更换脱气器电动机	(1)手指夹伤,碰伤; (2)压伤	(1)选用专用工具,穿戴好手套; (2)两人协同作业		(1)大班; (2)操作工
4	脱气器总成复位	(1)撞击受伤; (2)压伤	两人协同作业,分步进行复位		(1)大班; (2)操作工
5	通电测试	触电	(1)用试电笔测试确认电源已断电; (2)用对讲机与监护人员进行联系; (3)专人解锁(签)		队长

170. 排污口地层水现场取样分析工作安全分析表

编号:JSA-LJ008

单位					
作业负责人					
	工作任务简述	排污口地层水现场取样分析			
序号	工作步骤	危害描述	危害控制措施	作业人员 需要的特种作业人员资质	责任人(岗位)
1	准备取样工具	人员划伤	检查取样瓶,确保取样瓶无损伤		大班
2	取水样	(1)摔伤; (2)淹溺; (3)H_2S中毒	(1)专人监护作业; (2)正确站位,使用长柄工具取样; (3)佩戴便携式H_2S监测仪; (4)报警值超过10×10^{-6}佩戴正压式空气呼吸器		(1)大班; (2)采集工
3	分析水样	H_2S中毒	(1)专人监护,在通风处进行分析; (2)佩戴便携式H_2S监测仪; (3)报警值超过10×10^{-6}佩戴正压式空气呼吸器		大班
4	废液处置	环境污染	指定地点或污水池倾倒处置		大班

171. 仪器房高空线缆架设工作安全分析表

编号:JSA – LJ009

单位				仪器房高空线缆架设		
作业负责人				工作任务简述		登高操作证
				作业人员	需要的特种作业人员资质	责任人(岗位)
序号	工作步骤		危害描述	危害控制措施		
1	检查承载钢丝绳		手指划伤	(1) 正确穿戴劳保用品; (2) 确保钢丝绳无破损及毛刺等		大班
2	振动筛承载钢丝绳固定		高处坠落	(1) 穿戴好全身式安全带; (2) 专人监护		(1)大班; (2)操作工
3	捆绑线缆		摔伤	将线缆放置于身体同侧		大班
4	仪器顶安装架线杆		(1) 高处落物打击; (2) 高处坠落	(1) 正确放置架线杆,确保螺栓按要求固定到位; (2) 作业前清理房顶; (3) 穿戴好全身式安全带,专人监护		(1)大班; (2)操作工
5	紧固承载钢丝绳		高处坠落	(1) 两人以上协同作业,专人监护; (2) 穿戴好全身式安全带,调整好尾绳长度		(1)队长; (2)大班

172. 泡排(解堵)作业工作安全分析表

编号:JSA – LJ010

单 位			工作任务简述	泡排解堵作业	
作业负责人			作业人员	需要的特种作业人员资质	责任人(岗位)
序号	工作步骤	危害描述	危害控制措施		责任人(岗位)
1	施工前准备	(1)人员摔伤; (2)高温烫伤; (3)火灾	(1)设立安全警戒线及安全警示牌; (2)放置清水应急; (3)采用搭设跳板卸车,轮式底座放置阻滑挡块; (4)保持通风并离建筑物墙壁或其他装置1m以上; (5)检查药剂包装桶封闭并按产品特性分区摆放		现场负责人
2	设备连接	高压伤害	(1)使用U形卡固定高压软管; (2)安装单向止回阀,各连接节点加装紫铜垫片		操作工
3	试压	高压伤害	(1)不正对柱塞泵泄压孔,处于上风方向; (2)检查并确保各关键连接点有无微漏现象		现场负责人
4	药剂注入	(1)设备损坏; (2)环境污染	(1)观察泵压变化,有异常立即停泵; (2)发现异常停机切断气源后泄压; (3)作业废液回注原料桶		(1)现场负责人; (2)操作工
5	清理现场	砸击受伤	(1)使用专用工具逐项分解连接部位; (2)使用跳板等工具进行装车搬移 (3)装车后设备保持稳固		操作工

173. 罗氏泡沫高度测试工作安全分析表

单 位					编号:JSA – LJ011
作业负责人		工作任务简述	罗氏泡沫高度测定		
		作业人员		需要的特种作业人员资质	责任人（岗位）
序号	工作步骤	危害描述	危害控制措施		
1	恒温水浴加热	(1)高温烫伤； (2)触电	(1)按要求穿工作服，戴橡胶手套； (2)检查连接电路和水循环管路畅通； (3)加热温度按要求设定检查； (4)及时添加去离子水		实验分析员
2	水样准备	中毒窒息	(1)佩戴口罩或半面罩防护用具； (2)在通风橱中进行作业		实验分析员
3	水样预热	(1)中毒窒息； (2)烫伤	(1)在通风橱中进行作业； (2)佩戴口罩或半面罩防护用具； (3)在水样转移过程中佩戴橡胶手套		实验分析员
4	测定	(1)中毒窒息； (2)烫伤	(1)在通风橱中进行，专人监护； (2)佩戴口罩或半面罩防护用具； (3)佩戴橡胶手套		实验分析员
5	设备清洗	(1)容器爆裂； (2)环境污染	(1)佩戴橡胶手套； (2)水温差不超过50℃； (3)倒入指定废液回收桶		实验分析员

174. 现场天然气的采集与 H₂S 测定工作安全分析表

编号：JSA - LJ012

单位		工作任务简述	现场天然气的采集与 H₂S 测定		
作业负责人		作业人员		需要的特种作业人员资质	责任人（岗位）
序号	工作步骤	危害描述	危害控制措施		
1	关闭旋塞阀，取下压力表	物体打击	(1) 侧向操作阀门开关； (2) 关紧取样开关，打开放空（观察压力表读数）； (3) 正确使用工具		检测人员
2	接上取样装置	中毒	(1) 检测管线有无漏气； (2) 随身佩戴便携式 H₂S 报警仪（若高含硫现场应佩戴空气呼吸器）		检测人员
3	打开取样口开关取样	(1) 腐蚀； (2) 中毒	(1) 穿戴齐全劳保用品； (2) 检测人员应位于上风口； (3) 随身佩戴便携式 H₂S 报警仪（若高含硫现场应佩戴空气呼吸器）		检测人员
4	关闭取样口开关，取下取样装置	物体打击	(1) 释放余压； (2) 正确使用工具		检测人员
5	换上压力表，打开旋塞阀	物体打击	(1) 侧向操作阀门开关； (2) 正确使用工具； (3) 确保压力表及取样阀门安装牢固		检测人员
6	分析 H₂S	(1) 腐蚀； (2) 中毒	(1) 检测人员应位于上风口； (2) 随身佩戴便携式 H₂S 报警仪（若高含硫现场应佩戴空气呼吸器）		检测人员

175. 岩心洗油工作安全分析表

编号：JSA-LJ013

单 位			岩心洗油		
作业负责人		工作任务简述			
		作业人员			
序号	工作步骤	危害描述	危害控制措施	需要的特种作业人员资质	责任人（岗位）
1	准备甲苯	中毒	佩戴专业防护面具		检测人员
2	倒入甲苯	中毒	(1) 开启通风装置； (2) 开启报警装置		检测人员
3	洗油	(1) 中毒； (2) 物体打击； (3) 灼伤； (4) 触电	(1) 检查设备密闭情况； (2) 开启通风橱通风； (3) 打开循环水； (4) 小心使用夹持用具； (5) 不直接接触正在工作中的设备罐体； (6) 严禁用湿手开关电源		检测人员
4	取出样品	中毒	(1) 样品冷却后取出； (2) 样品放置在通风装置中除味		检测人员

176. 综合录井仪制造色谱单元上架安装工作安全分析表

编号:JSA－LJ014

单 位				
作业负责人				电工证
序号	工作任务简述		色谱单元上架安装	
	工作步骤	作业人员	需要的特种作业人员资质	责任人（岗位）
		危害描述	危害控制措施	
1	准备单元	设备损坏	(1)按包装标示提示搬运； (2)按设计图在机架上标示安装位置	仪表维修工
2	单元上架	(1)设备损坏； (2)夹伤、砸伤； (3)触电； (4)机械伤害(电钻)	(1)使用检验合格安装材料； (2)两人以上协同作业； (3)引放电线时不能过度拖拉； (4)及时进行紧固，防止发生移位； (5)操作人员电动工具操作培训合格	仪表维修工
3	电源和气路管线连接	(1)设备损坏； (2)擦伤、夹伤	(1)严格按照标准相关规定走线； (2)穿戴好防护用品	仪表维修工
4	设备单元通电、测试	(1)设备损坏； (2)触电； (3)烫伤、扎伤	(1)开机前进行通、断、绝缘测试； (2)按设备操作手册对设备进行测试； (3)严禁触碰设备高温部位	仪表维修工

— 161 —

177. 钢丝试井工作安全分析表

编号:JSA - LJ015

单位		钢丝试井		
作业负责人		工作任务简述		
序号	工作步骤	作业人员 危害描述	危害控制措施	需要的特种作业人员资质 责任人(岗位)
1	检查防喷管	(1) 设备损坏； (2) 高压伤害	(1) 用黄油密封； (2) 防喷管接头"O"形密封圈合格； (3) 检查防喷管螺纹、本体有无损伤	井口岗
2	关闭采油树测试阀	(1) 高压伤害； (2) H₂S中毒； (3) 高处坠落； (4) 落物伤人	(1) 确认油压表回零后拆卸表堵心； (2) 穿戴好全身式安全带； (3) 佩戴便携式硫化氢监测仪，监测仪报警值超过 10×10^{-6} 佩戴空气呼吸器； (4) 侧向站位操作，安全监护； (5) 禁止上下抛掷工具和物件	井口岗
3	安装防装底座、法兰，安装防喷管及测试仪器	(1) 高压伤害； (2) H₂S中毒； (3) 高处坠落； (4) 落物伤人	(1) 地滑轮、天滑轮正对绞车； (2) 防喷管高度1.5m以上采取钢丝索固定； (3) 穿戴好全身式安全带； (4) 佩戴便携式硫化氢监测仪，监测仪报警值超过 10×10^{-6} 佩戴空气呼吸器； (5) 侧向站位操作，安全监护； (6) 禁止上下抛掷工具和物件； (7) 井口压力在35MPa以上，使用法兰连接井口	井口岗

续表

单 位			工作任务简述	钢丝试井		
作业负责人			作业人员			
序号	工作步骤	危害描述	危害控制措施		需要的特种作业人员资质	责任人(岗位)
4	井口测压	(1)高压伤害; (2)H$_2$S中毒; (3)高处坠落	(1)穿戴好全身式安全带; (2)佩戴便携式硫化氢监测仪;监测仪报警值超过$10×10^{-6}$佩戴空气呼吸器; (3)侧向站位操作,安全监护; (4)禁止上下抛掷工具和物件			井口岗
5	通井	设备损坏	(1)专业人员操作绞车; (2)遇阻及时上提至安全位置			(1)绞车岗; (2)井口岗; (3)中间岗
6	下压力计测试	(1)设备损坏; (2)高压伤害	(1)专业人员操作绞车; (2)专人监控井口压力; (3)遇阻及时上提至安全位置			(1)绞车岗; (2)井口岗; (3)中间岗
7	拆防喷管、防喷管底座、法兰,恢复井口	(1)高压伤害; (2)H$_2$S中毒; (3)高处坠落; (4)落物伤人	(1)含硫井接专用管线引排采油树; (2)残留天然气下风安全处点火燃烧; (3)穿戴好全身式安全带; (4)佩戴便携式硫化氢监测仪;监测仪报警值超过$10×10^{-6}$佩戴空气呼吸器; (5)侧向站位操作,安全监护; (6)禁止上下抛掷工具和物件			井口岗

六、地面建设专业

178. 布管工作安全分析表

编号:JSA – DM001

单 位				
作业负责人				
	工作任务简述	运输、布放钢管		
	作业人员		需要的特种作业人员资质	起重操作证
序号	工作步骤	危害描述	危害控制措施	责任人(岗位)
1	选用吊带、吊具、挂钩和起重设备(具备吊装功能的挖掘机、吊管机等)	工具、设备损坏	检查吊带、吊具，挂钩和起重设备是否完好，符合安全要求	起重工
2	查看作业便道	道路不畅，无法转运钢管	对作业便道进行加宽、加固及降坡等处理	施测员
3	转运钢管	设备倾覆	(1)吊装的钢管不超过额定质量； (2)专人监控和指挥转运过程	起重工
4	布放钢管	(1)管沟坍塌； (2)挤压	(1)起重设备距沟边 1m 以外； (2)加固沟壁； (3)放置钢管时必须慢、轻、稳，并且使用牵引绳	起重工

179. 管道焊接工作安全分析表

编号:JSA – DM002

单 位				
作业负责人				
	工作任务简述	将两根钢管进行焊接		
	作业人员		需要的特种作业人员资质	焊工证
序号	工作步骤	危害描述	危害控制措施	责任人(岗位)
1	选用移动电站、电焊机、送丝机、焊材等	无法使用	仔细检查，确保移动电站、电焊机、送丝机、焊材等的完好	电焊工
2	穿戴好焊接用的劳动防护用品	无法使用	仔细检查，确保焊接用的劳动防护用品的完好	电焊工

续表

单 位				将两根钢管进行焊接	
作业负责人				需要的特种作业人员资质	焊工证
序号	工作步骤	工作任务简述			责任人(岗位)
		作业人员			
		危害描述	危害控制措施		
3	钢管焊接	(1) 弧光伤害； (2) 触电	(1) 穿戴好劳保用品,戴好防护面罩； (2) 对焊机进行接地； (3) 确保线路完好,无漏电现象		电焊工
4	焊口打磨	(1) 铁屑飞溅伤人； (2) 触电	(1) 穿戴好劳保用品,戴好护目镜和绝缘手套； (2) 检查手持电动工具,确保完好； (3) 确保线路完好,无漏电现象		电焊工

180. 基坑开挖、支护工作安全分析表

编号:JSA－DM003

单 位				挖掘管道、设备基础基坑,支护坑壁	
作业负责人				需要的特种作业人员资质	挖掘机操作证
序号	工作步骤	工作任务简述			责任人(岗位)
		作业人员			
		危害描述	危害控制措施		
1	作业前准备(放线)	(1) 滑倒； (2) 跌路	(1) 穿戴好劳保用品； (2) 清理场地,保持干燥、通畅		班组长
2	基坑开挖	(1) 人员坠落； (2) 机械伤害； (3) 坍塌	(1) 基坑四周使用警戒线封闭； (2) 现场有专人(着反光背心)看护,禁止挖掘机操作半径内有人员进入； (3) 按设计要求进行开挖,堆土不得超过1.5m高,离管沟1m远； (4) 采取支护、加固等措施,防止坍塌； (5) 开挖基坑后预留逃生通道		班组长

续表

单位		工作任务简述	挖掘管道,设备基础基坑,支护坑壁		
作业负责人				机械操作证	挖掘机操作证
序号	工作步骤	作业人员/危害描述	危害控制措施	需要的特种作业人员资质	责任人(岗位)
3	支护材料搬运	(1)砸伤; (2)摔伤	(1)保持通道畅通; (2)两人共同搬运时动作要协调、一致; (3)材料堆放整齐		班组长
4	登高作业	(1)高处坠落; (2)物体打击	(1)梯子固定牢固,禁止单手攀爬; (2)工具或小型物件放置在工具袋中,使用绳索传递工具或其他材料时下方严禁站人; (3)脚手架操作平台、通道、爬梯等经检查合格,悬挂绿牌后方可使用; (4)系好安全带		班组长

181. 桩基施工工作安全分析表

编号:JSA-DM004

单位		工作任务简述	基础打桩施工		
作业负责人				机械操作证	
序号	工作步骤	作业人员/危害描述	危害控制措施	需要的特种作业人员资质	责任人(岗位)
1	作业前准备	(1)滑倒; (2)跌落	(1)穿戴好劳保用品; (2)清理场地,保持干燥、通畅		班组长
2	移动三脚架	物体打击	(1)作业半径范围内严禁人员进入; (2)一次移动距离不超过500mm,高度不超过300mm; (3)两人以上作业时有专人指挥、监护		班组长

续表

单位					基础打桩施工		
作业负责人		工作任务简述					
		工作步骤	作业人员			需要的特种作业人员资质	机械操作证
序号			危害描述	危害控制措施			责任人(岗位)
3		打桩机就位	(1)触电; (2)物体打击	(1)检查电用设备,确保接地可靠; (2)检查场地,连接杆、枕木、塔架等,确保符合要求			班组长
4		加装、拆卸钻具灌浆	(1)挤伤; (2)跌倒	(1)专人指挥,准确挂钩,缓慢就位; (2)成孔后,地面空洞必须及时覆盖			班组长
5		注水钻孔	(1)环境污染; (2)机械伤害; (3)摔伤、破伤	(1)打桩机工作时,要有专人指挥,指挥人员与操作人员在工作前要相互核对信号,工作中应密切配合; (2)开始时,应用电铃或其他方式发出信号(或桩)平面要垫平,通知周围人员离开; (3)打桩时,应用电铃、桩帽、桩帽与管柱(或桩)平面要垫平,连接螺栓应拧紧,并随时检查是否有松动; (4)打桩机的启动应由低速挡控制盘上电流、电压的指示逐挡加快到高速挡; (5)密切注视打桩控制盘上电流、电压的指示异常情况,若发现异常情况,立即停机检查; (6)检查轴承盖温度,轴承盖螺钉及偏心铁块连接螺钉是否有松动现象; (7)钻井注液、废弃物排放到指定地点			班组长

— 167 —

182. 钢筋运输、预制、安装工作安全分析表

编号：JSA–DM005

单 位		工作任务简述	设备等基础钢筋预制、安装等		
作业负责人		作业人员	危害控制措施	需要的特种作业人员资质	责任人（岗位）
序号	工作步骤	危害描述			登高操作证
1	作业前准备	(1) 滑倒； (2) 跌落	(1) 穿戴好劳保用品； (2) 清理场地，保持干燥、通畅		班组长
2	搬运钢筋	(1) 砸伤； (2) 夹伤； (3) 剌伤	(1) 人工抬运钢筋时，两人应同肩，步伐一致，多人运送钢筋，起落、转停动作要一致，人与人之间注意保持安全间距； (2) 搬运钢筋时要注意路面，尽量慢行，不可急跑，防止绑扎丝剌伤		班组长
3	钢筋预制	(1) 夹伤； (2) 弧光伤害； (3) 机械伤害； (4) 触电	(1) 加工钢筋时必须保证稳固，不会弹起伤人； (2) 对焊或点焊时设置挡光板，穿戴好劳保用品，戴好防护面罩； (3) 按照操作规程使用钢筋加工机，防止机械伤害； (4) 作业前专业电工电气设备进行检查		班组长
4	钢筋绑扎	(1) 摔伤； (2) 剌伤； (3) 滑倒	(1) 单个基础钢筋绑扎时，清理通道，确保作业区域整洁； (2) 大型坑池底板钢筋绑扎时，在上层钢筋上用跳板建立通道，根据绑扎情况逐步延伸； (3) 在下层有预留涌钢筋作业面时，作业面要满铺跳板，作业面施工时，系加安全网，系好安全带		班组长
5	登高安装作业	(1) 高处坠落； (2) 滑倒； (3) 砸伤	(1) 梯子固定牢固，禁止单手攀爬； (2) 工具或小型物件放置在工具袋中，使用绳索传递工具或其他材料时下方严禁站人； (3) 脚手架操作平台、通道、爬梯等经检查合格，悬挂牌后可使用； (4) 系好安全带		班组长

183. 混凝土搅拌、输送、浇筑工作安全分析表

编号:JSA-DM006

单位			混凝土搅拌、输送、浇筑施工		
作业负责人		工作任务简述			
	工作步骤	作业人员		需要的特种作业人员资质	责任人(岗位)
序号		危害描述	危害控制措施	登高操作证、电工操作证	
1	作业前准备	(1)滑倒； (2)跌落	(1)穿戴好劳保用品； (2)清理好场地,保持干燥、通畅		班组长
2	临时配电箱安装	触电	(1)检查电线有无破损,严禁使用不合格的电气设备； (2)保证"一机一闸一箱"； (3)电源线严禁直接捆绑在架管上； (4)严禁使用无防护罩的简易灯具		班组长
3	运输混凝土	机械伤害	(1)现场有专人指挥(穿反光背心)； (2)装载机、水泥罐车应安全驾驶,车辆周围严禁站人		班组长
4	使用混凝土振动棍	(1)触电； (2)高处坠落	(1)确保电线无破损,振动棍无漏电,配电箱上锁； (2)使用跳板作业时必须将跳板两端拴紧,以防人员坠落； (3)保持混凝土泵车的稳定性； (4)系好安全带		班组长
5	登高浇筑作业	(1)高处坠落； (2)滑倒； (3)砸伤	(1)梯子固定牢固,禁止单手攀爬； (2)工具或小型物件放置在工具袋中,使用绳索传递工具或其他材料时下方严禁站人； (3)脚手架操作平台、通道、爬梯等经检查合格,悬挂绿牌后可使用； (4)系好安全带		班组长

184. 砌筑工程工作安全分析表

编号:JSA－DM007

单位		工作任务简述	施工现场坑池壁、房屋建设砌筑施工	
作业负责人		作业人员	需要的特种作业人员资质	登高操作证
序号	工作步骤	危害描述	危害控制措施	责任人(岗位)
1	作业前准备	(1)滑倒; (2)跌落	(1)穿戴好劳保用品; (2)清理场地,保持干燥、通畅	班组长
2	搬运建材	(1)砸伤; (2)摔伤	(1)行走时注意地面,防止滑倒; (2)手推车运输各种材料时,不得超载,掌握重心,稳步行走	班组长
3	(登高)砌筑作业	(1)高处坠落; (2)滑倒; (3)砸伤、摔伤	(1)严禁抛砖,必须上传下递; (2)工作完毕后,及时清理工作面上的碎砖、砌块及建筑垃圾; (3)戴好防护眼镜,面向墙面砍砖,避免伤及他人; (4)梯子固定牢固,禁止单手攀爬; (5)工具或小型物件放置在工具袋中,使用绳索传递工具或其他材料时下方严禁站人; (6)脚手架操作平台、通道、爬梯等经检查合格,悬挂绿牌后方可使用; (7)系好安全带	班组长
4	临边作业	(1)坠落; (2)砸伤	(1)设置安全警戒区域,工具、材料严禁沿边放置、堆码; (2)系好安全带	班组长

— 170 —

185. 脚手架搭设、使用、拆除工作安全分析表

编号:JSA－DM008

单位		工作任务简述	脚手架搭建、使用、拆除工作	
作业负责人		作业人员	需要的特种作业人员资质	架子工证
序号	工作步骤	危害描述	危害控制措施	责任人（岗位）
1	作业前准备	(1)滑倒； (2)跌落	(1)穿戴好劳保用品； (2)清理场地，保持干燥、通畅	班组长
2	搬运架管	(1)夹伤； (2)滑倒	(1)搬运架管时轻拿轻放； (2)保持搬运道路的畅通和平整	班组长
3	搭设脚手架	(1)高处坠落； (2)物体打击	(1)按操作规程搭设； (2)配备工具包、工具、物品严禁抛接； (3)临时跳板必须用镀锌钢丝箍扎两道； (4)搭设高度在5m以上的脚手架时，架管内侧满挂密目式安全网； (5)系好安全带	班组长
4	登高作业	(1)高处坠落； (2)滑倒； (3)砸伤	(1)梯子固定牢固，禁止单手攀爬； (2)工具或小型物件放置在工具袋中，使用绳索传递工具或其他材料时下方严禁站人； (3)脚手架操作平台、通道、爬梯等经检查合格，悬挂绿牌后方可使用； (4)系好安全带	班组长
5	拆除脚手架	(1)高处坠落； (2)物体打击	(1)按操作规程拆除； (2)配备工具包、工具、物品严禁抛接； (3)临时跳板必须用镀锌钢丝箍扎两道； (4)系好安全带	班组长

186. 焚烧炉鼓风机安装工作安全分析表

编号:JSA – DM009

单位				
作业负责人				
序号	工作步骤	工作任务简述		
		安装焚烧炉鼓风机		
		作业人员		
		危害描述	危害控制措施	需要的特种作业人员资质	起重操作证
				责任人(岗位)
1	检查,清洁基础	基础不牢固,螺栓掉落,员工的脚容易陷到螺栓孔里	把螺栓孔盖起来,安装时再次打开		(1)起重工;(2)铆工
2	安放螺栓千斤顶	使用锉工具时,划伤手指	安装风机的施工人员戴好手套,正确使用工具		铆工
3	起吊鼓风机	吊带挤压	起吊时,专人理好吊带		起重工
4	风机就位	风机压伤	风机就位时禁止把手伸到风机下面		起重工
5	微调风机中心	撬棍伤人	使用撬棍时必须打稳		铆工
6	穿地脚螺栓	螺栓孔擦伤手指	戴好手套,不要空手穿螺丝		铆工

187. 储罐制造安装工作安全分析表

编号:JSA – DM010

单位				
作业负责人				
序号	工作步骤	工作任务简述		
		储罐制造安装		
		作业人员		
		危害描述	危害控制措施	需要的特种作业人员资质	电工证、起重操作证、焊工证
				责任人(岗位)
1	作业前的准备	身体不能适应高处作业导致可能发生坠落或危害他人	(1)作业前了解登高人员的身体状况;(2)施工前,作业人员穿戴好防护用品,系好安全带		(1)班长;(2)安全员
2	罐底板、壁板施工	吊装风险,触电	(1)作业人员穿戴好防护用品,作业时系好安全带;(2)严格按照吊装规程操作,指挥人员指令清楚		铆工

续表

单位						
作业负责人						
		工作任务简述		储罐制造安装		
序号	工作步骤	作业人员		需要的特种作业人员资质	责任人(岗位)	
		危害描述	危害控制措施			
3	脚手架的搭设	(1)搭设位置的地面承载强度不够；(2)脚手架与输电线路间距太小；(3)脚手架强度不够,脚手架选材不当	(1)脚手架整体或局部倒塌；(2)人员触电、坠落伤亡；(3)人员高处坠落		电工证,起重操作证,焊工证	架子工
4	储罐罐顶制作安装	(1)高处坠落；(2)高空坠物	(1)进入储罐作业必须正确佩戴好劳保用品,注意避开上下交叉作业点；(2)严禁抛、掷物料			铆工
5	加强圈、梯子、平台安装	(1)高处坠落；(2)高空坠物	(1)进入储罐作业必须正确佩戴好劳保用品；(2)立体交叉作业无防护措施严禁施工			铆工
6	施工用电	触电伤害	(1)临时用电设备符合安全用电规范；(2)施工用电设备做接零或接地保护			电工
7	防腐涂料施工	(1)有毒气体伤害；(2)火灾	(1)戴防毒面具,有良好通风设备；(2)做好安全防护措施,设专人看护,拉施工区域警戒线,清除火源			防腐工

— 173 —

188. 地基与基础工程土方作业工作安全分析表

编号:JSA－DM011

单位				工作任务简述	土方作业		
作业负责人				作业人员		需要的特种作业人员资质	责任人（岗位）
序号	工作步骤	危害描述	危害控制措施				
1	放线	绊倒，摔伤	清理放线区域杂物				施工员
2	机械土石方开挖	(1)设备运转时撞伤他人；(2)滚石伤人；(3)设备倾覆	(1)设置专职作业监护人；(2)用警示带隔离施工区域；(3)严格操作规程				设备监护人
3	土石方转运	(1)设备运转时撞伤他人；(2)滚石伤人；(3)交通事故	(1)遵守设备安全操作规程，检查车辆安全性；(2)车辆装土不能太满；(3)车辆小心驾驶，倒车时由专人指挥				(1)施工员；(2)设备监护人
4	土石方回填	(1)设备运转时撞伤他人；(2)滚石伤人；(3)设备倾覆	(1)设置专职作业监护人；(2)用警示带隔离施工区域；(3)严格操作规程，加强安全教育				设备监护人
5	清理	临边人员坠落	临边设置安全防护和警示				施工员

189. 地基与基础工程地基处理作业工作安全分析表

编号:JSA－DM012

单位				工作任务简述	地基处理作业		
作业负责人				作业人员		需要的特种作业人员资质	责任人（岗位）
序号	工作步骤	危害描述	危害控制措施			设备操作证、电工证、架子工证	
1	放线	人员易绊倒，摔伤	清理放线杂物				施工员
2	清理垮塌物或放坡	(1)设备运转时导致伤害，落物伤人；(2)设备倾覆	(1)设置专职作业监护人；(2)用警示带隔离施工区域；(3)严格按操作规程进行作业				(1)施工员；(2)设备监护人

续表

单位		地基处理作业		
作业负责人		工作任务简述		
		作业人员	需要的特种作业人员资质	责任人（岗位）
序号	工作步骤	危害描述	危害控制措施	
3	搭设支护架或模板	(1)临边人员易从高处坠落； (2)作业人员易划伤	(1)避免上下立体交叉作业； (2)作业人员必须佩戴劳保用品	设备操作证、电工证、架子工证 架子工
4	浇筑混凝土垫层	(1)设备伤害； (2)使用振动装置时造成人员触电； (3)高处人员从高处坠落	(1)设置专职人员进行作业监护，防止人员坠落； (2)严格按操作规程作业，加强人员安全教育	(1)施工员； (2)电工
5	拆除	临边人员易坠落	设置专职人员进行作业监护，防止人员坠落	施工员

190. 地基与基础工程人工挖孔桩作业工作安全分析表

编号：JSA－DM013

单位		人工挖孔桩作业		
作业负责人		工作任务简述		
		作业人员	需要的特种作业人员资质	责任人（岗位）
序号	工作步骤	危害描述	危害控制措施	
1	施工前准备	由于地形不平，人员绊倒、划伤	场地平整，保持畅通	吊车操作证、电工证 施工员
2	人工挖孔土石方作业	(1)临边物体落伤人； (2)人员易触电； (3)窒息	(1)清理出入口障碍物，井口作业硬防护，设置安全的提升装置和接急救生绳； (2)使用良好绝缘的电动工具，电工对电源装走线和接地进行检查； (3)安装通风设备，并检测	(1)安全员； (2)电工
3	混凝土护壁	(1)临边物体落伤人； (2)人员易触电； (3)窒息	(1)设置合适的混凝土送料设施； (2)使用良好绝缘的电动工具； (3)保持通风	施工员

续表

人工挖孔桩作业

单位				
作业负责人				吊车操作证、电工证
序号	工作步骤	工作任务简述		责任人（岗位）
		作业人员	需要的特种作业人员资质	
		危害描述	危害控制措施	
4	吊装钢筋笼	(1) 设备运转时伤害他人； (2) 临边物体坠落伤人； (3) 钢筋造成人员划伤	(1) 作好监护和指挥，吊装时设专人指挥； (2) 正确穿戴好劳保用品	(1) 施工员； (2) 吊车操作手
5	浇筑混凝土	(1) 设备运转时造成伤害； (2) 使用震动装置时造成人员触电	(1) 严格按设备操作规程作业； (2) 使用良好绝缘的电动工具	(1) 施工员； (2) 电工
6	清理	人员易绊倒、划伤	(1) 桩头保护，设置警示带； (2) 正确穿戴好劳保用品	施工员

191. 地基与基础工程混凝土基础作业工作安全分析表

编号：JSA-DM014

混凝土基础作业

单位				
作业负责人				焊工证、电工证、吊车操作证、架子工证
序号	工作步骤	工作任务简述		责任人（岗位）
		作业人员	需要的特种作业人员资质	
		危害描述	危害控制措施	
1	钢筋制作与绑扎	(1) 钢筋焊接时、切割机、弯曲机发生漏电或者使用后未及时切断电源造成人员触电； (2) 钢筋除锈时、断头等造成人员手清除铁屑、断头等造成伤害，或者未佩戴护目镜和口罩等	(1) 加强人员监管，加大临时用电检查力度； (2) 加强对作业人员的安全教育，作业前做好技术交底及风险提示	(1) 施工员； (2) 焊工； (3) 电工

— 176 —

续表

混凝土基础作业

单位			
作业负责人			
序号	工作任务简述		
	作业人员	需要的特种作业人员资质	焊工证、电工证、吊车操作证、架子工证责任人(岗位)
	工作步骤	危害描述	危害控制措施	
2	模板安装	(1)因场地狭窄模板堆放不合理发生高空坠落； (2)部分木方有节疤,缺口易断裂； (3)未按照模板施工方案设模板支撑系统	严格按照模板施工方案施工,选料时必须采用合格的材料	施工员
3	混凝土浇筑	振动棒漏电造成人员触电	操作人员戴绝缘手套,穿绝缘鞋,作业前对振动装置加强检查	(1)施工员； (2)电工
4	模板拆除	(1)模板拆除时,易坠物； (2)模板拆除后未及时对"四口、五临边"设置防护及警示标志； (3)拆除悬臂结构模板底未挂设安全带;拆除模板无专人监护	严格按照模板拆除方案进行,在适当的位置设置安全防护及警示标志	施工员

192. 主体结构工程钢结构作业工作安全分析表

编号：JSA-DM015

钢结构作业

单位			
作业负责人			
序号	工作任务简述		
	作业人员	需要的特种作业人员资质	焊工、起吊工、吊车操作证责任人(岗位)
	工作步骤	危害描述	危害控制措施	
1	钢结构构件预制	易发生触电、火灾、爆炸	(1)临时用电按规范操作； (2)氧气、乙块放置距离与明火距离符合要求； (3)放置灭火器具； (4)设专职安全员现场监护	施工员

续表

钢结构作业

单位						
作业负责人						
序号	工作步骤	工作任务简述			需要的特种作业人员资质	责任人(岗位)
		作业人员	危害描述	危害控制措施		
2	构件运输		交通事故	严格遵守交通法规		施工员
3	构件吊装		(1)钢结构构件起吊时设备易造成人员伤害; (2)物体坠落伤人; (3)人员易造成高处坠落	(1)严格按照吊装专项方案施工; (2)按要求正确佩戴劳保用品,吊件下严禁站人; (3)设安全人员现场指挥及监护	焊工、起吊工、吊车操作证	(1)施工员; (2)吊车操作手
4	钢结构主体安装		(1)物体坠落伤人; (2)人员易造成高处坠落	(1)临时用电按规范操作; (2)氧气、乙炔放置距离与明火距离符合要求; (3)放置灭火器具; (4)高处作业人员按要求正确使用安全带,禁止上下同时作业; (5)设安全人员现场指挥及监护		施工员

193. 装饰装修工程地面作业工作安全分析表

编号:JSA-DM016

地面作业

单位						
作业负责人						
序号	工作步骤	工作任务简述			需要的特种作业人员资质	责任人(岗位)
		作业人员	危害描述	危害控制措施		
1	基层处理			保持施工场地整洁		施工员
2	面层施工		人员易伤害 (1)设备伤害; (2)触电; (3)物体打击	(1)手持电动工具符合安全要求; (2)临时用电按规范操作; (3)搬运重物使用正确姿势	电工证	(1)施工员; (2)电工

续表

单位		地面作业		
作业负责人		作业人员	需要的特种作业人员资质	责任人(岗位)
		工作任务简述	电工证	
序号	工作步骤	危害描述	危害控制措施	
3	勾缝	人员易造成扭伤	作业时使用正确姿势	施工员
4	成品保护	(1)人员易绊倒; (2)场地内发生火灾	配置灭火器	施工员

194. 装饰装修工程抹灰作业工作安全分析表

编号:JSA-DM017

单位		抹灰作业		
作业负责人		作业人员	需要的特种作业人员资质	责任人(岗位)
		工作任务简述	架子工证	架子工
序号	工作步骤	危害描述	危害控制措施	
1	脚手架搭设	(1)临边作业人员易高处坠落; (2)坠落物体伤人	按规范搭搭稳定脚手架,避免立体交叉作业	架子工
2	基层处理	(1)临边作业人员易高处坠落; (2)坠落物体伤人	(1)按规范搭搭稳定脚手架,避免立体交叉作业; (2)传递材料要规范操作	施工员
3	砂浆抹平	(1)临边作业人员易高处坠落; (2)坠落物体伤人	(1)按规范搭搭稳定脚手架,避免立体交叉作业; (2)传递材料要规范操作	施工员
4	架子拆除	(1)临边作业人员易高处坠落; (2)坠落物体伤人	按规范拆除脚手架	架子工

195. 屋面工程刚性防水屋面作业工作安全分析表

编号:JSA－DM018

单位			刚性防水屋面作业		
作业负责人					
序号	工作步骤	工作任务简述		需要的特种作业人员资质	责任人(岗位)
		危害描述	危害控制措施	钢筋工证、电工证	
1	基层(找平层)施工	基层清理过程中发生物品飞溅伤害及工具损坏	(1)作业前必须检查工具完整性; (2)佩戴防滑手套		施工员
2	隔离层施工	平板振动器作业过程中漏电造成人员触电	(1)操作人员戴绝缘手套,穿绝缘鞋; (2)作业前对振动装置加强检查		(1)施工员; (2)电工
3	模板施工	作业过程中操作不当造成划伤	(1)作业人员佩戴手套; (2)作业前观察模板完整性		施工员
4	钢筋绑扎	切割过程中被铁屑划伤	(1)设专职人员监护; (2)作业前观察作业环境		钢筋工
5	混凝土浇筑	振动漏漏电造成人员触电	(1)严格按设备操作规程作业; (2)使用良好绝缘的电动工具		施工员
6	细部构造密封处理	作业过程中造成人员被烫伤	(1)佩戴口罩; (2)设专人进行监护; (3)检查使用工具; (4)设定警戒区域		施工员

196. 屋面工程卷材防水屋面作业工作安全分析表

编号：JSA－DM019

单位		工作任务简述	卷材防水屋面作业		
作业负责人		作业人员		需要的特种作业人员资质	责任人（岗位）
序号	工作步骤	危害描述	危害控制措施		
1	找平层（基层）施工	基层清理过程中发生物品飞溅伤害及工具损坏	(1) 作业前必须检查工具完整性； (2) 佩戴防滑手套		瓦工
2	细部构造处理	处理过程中发生烫伤	(1) 佩戴口罩； (2) 设专人监护； (3) 检查作业工具； (4) 设定警戒区域		施工员
3	冷底子油施工	过程中防止吸入过量有害物质、烫伤	(1) 佩戴口罩及隔热手套； (2) 设定警戒区域； (3) 保障通风		施工员
4	防水卷材铺设	火灾	(1) 施工现场禁止吸烟； (2) 配备灭火器		施工员

197. 室内给水系统安装作业工作安全分析表

编号：JSA-DM020

单位					
作业负责人			工作任务简述	室内给水系统安装作业	
序号	工作步骤	危害描述	危害控制措施	需要的特种作业人员资质	责任人（岗位）
1	施工准备	材料损坏造成作业过程中人员伤害	检查施工环境、工具、材料完整性，人员持证情况，熟悉施工方案		施工员
2	支吊架制作安装	焊接时电焊机发生漏电造成人员触电	(1) 加大人员监管； (2) 加大临时用电检查力度	焊工证	(1) 施工员； (2) 焊工
3	管道预制加工	作业时切割机发生漏电或操作不当造成人身伤害	(1) 加强临时用电或机械设备检查； (2) 作业人员佩戴防滑手套		施工员
4	干管、支管及配件安装	(1) 排管内空气时防止灼伤； (2) 作业时切割机发生漏电或操作不当造成人身伤害	(1) 佩戴隔热、防滑手套； (2) 设专人监护； (3) 加强临时用电或机械设备检查		施工员
5	管道试压	电动试压泵发生漏电造成人员伤害	(1) 加强临时用电检查力度； (2) 作业前检查工具情况		施工员
6	管道防腐和保温	作业时，吸入过量有害气体造成人员伤害	(1) 作业时禁止无关人员进场； (2) 加强空气流通； (3) 佩戴口罩		施工员
7	管道消毒冲洗	作业时违规操作造成污染	(1) 制定专项施工方案； (2) 设专人负责冲洗、取样、开关水源		施工员

198. 室内排水系统安装作业工作安全分析表

编号：JSA-DM021

单位		工作任务简述	室内排水系统安装作业		
作业负责人		作业人员		需要的特种作业人员资质	焊工证
序号	工作步骤	危害描述	危害控制措施		责任人（岗位）
1	安装准备	作业时，材料倒塌发生砸伤	规范材料堆放，观察作业现场环境		安全员
2	预制加工	作业时切割机发生漏电或操作不当造成人身伤害	(1) 加强临时用电或机械设备检查； (2) 作业人员佩戴防滑手套		施工员
3	支架安装	焊接时电焊机发生漏电造成人员触电	(1) 加大人员监管； (2) 加大临时用电检查力度		(1) 施工员； (2) 电工
4	干立管安装	安装中，排凝内空气时防止灼伤	(1) 佩戴隔热手套； (2) 设专人监护作业		施工员
5	支管安装	作业时切割机发生漏电或操作不当造成人身伤害	(1) 加强临时用电或机械设备检查； (2) 作业人员佩戴防滑手套		(1) 施工员； (2) 电工
6	闭水试验	不按要求操作造成泄漏及管材损坏	(1) 制定施工方案； (2) 设专人监护作业		施工员

199. 卫生器具安装作业工作安全分析表

编号:JSA－DM022

单位	卫生器具安装作业			
作业负责人			需要的特种作业人员资质	责任人(岗位)
			电工证	施工员
序号	工作步骤	危害描述	危害控制措施	
1	卫生洁具及配件检验	检验时发生倾覆造成砸伤	(1) 规范材料堆放; (2) 观察作业环境	施工员
2	卫生洁具安装	安装摆放时未作加固,发生倒塌造成人员伤害	设专人进行检查	施工员
3	卫生洁具与墙、地缝处理	电钻钻孔时发生漏电造成人员伤害	(1) 加大临时用电管理力度; (2) 作业前检查工具安全性能	电工
4	通水试验	作业时,检查不到位造成洁具损坏砸伤人员	试验前先检查安装情况,重点检查外观及安装后后稳定性	施工员

200. 室外给水管网作业工作安全分析表

编号:JSA－DM023

单位	室外给水管网			
作业负责人			需要的特种作业人员资质	责任人(岗位)
			电工证、焊工证	施工员
序号	工作步骤	危害描述	危害控制措施	
1	管道敷设准备工作	避免机具、绳索损坏,在管道敷设过程中造成事故	加大对机具、绳索及管材、配件完整性的检查	(1) 电工; (2) 焊工
2	管道敷设	机械下管时,发生漏电造成人员伤害	加大临时用电监管力度	

续表

单位		室外给水管网		
作业负责人				电工证、焊工证
序号	工作步骤	工作任务简述		责任人(岗位)
		作业人员	需要的特种作业人员资质	
		危害描述	危害控制措施	
3	阀门的安装	过程中,工具打滑造成作业人员伤害	(1)检查工具安全性能; (2)佩戴防护手套	施工员
4	管道水压试验及消毒	未制定施工方案,过程中造成损坏	(1)制定专项施工方案; (2)试验过程设专人监控	施工员

201. 室外排水管网作业工作安全分析表

编号:JSA-DM024

单位		室外排水管网作业		
作业负责人				电工证
序号	工作步骤	工作任务简述		责任人(岗位)
		作业人员	需要的特种作业人员资质	
		危害描述	危害控制措施	
1	下管前管材检验	检查管材发生大幅翻转造成人员碾压伤害	规范材料堆放	施工员
2	检查沟底标高和管基强度	复测时防止滑倒	加强对周围作业环境的观察	施工员
3	检查下管机具和绳索	检查、测试下管机具时发生漏电造成人员伤害	加大临时用电监控力度	电工
4	下管	机械设备性能不良造成人员砸伤	作业时设专人监护	施工员
5	接口	过程中人员灼伤	严格过程监控,并按操作规程作业	施工员
6	闭水试验	不按要求操作造成泄漏及管材损坏	(1)制定专项施工方案; (2)试验时设专人监控	施工员

202. 井场挡土墙作业工作安全分析表

编号:JSA-DM025

单位		工作任务简述		井场挡土墙作业		
作业负责人		作业人员		危害控制措施	需要的特种作业人员资质	设备操作证、电工证
序号	工作步骤	危害描述				责任人(岗位)
1	放线	(1)跌倒; (2)绊倒; (3)眼部损伤		行走时注意脚下,严禁放线所用灰粉触碰眼睛		施工员
2	土方开挖	(1)机械伤人; (2)交叉作业伤人		(1)作业时设专门的设备监护人进行监督并提醒交叉作业时应保持的安全距离; (2)对作业区域采用警示带围护,未经许可,严禁进入该作业区域		(1)操作手; (2)设备监护人
3	垫层浇筑	振动棒漏电伤人		(1)加强日常检查,振动棒等施工器具应绝缘良好,接零、接地和漏电保护装置可靠; (2)作业人员使用振动棒时应佩戴绝缘手套以及其他劳保用品		(1)施工员; (2)电工
4	条石安砌	(1)物体打击; (2)高处坠落		(1)高处作业时必须设安全防护栏杆和安全网; (2)风险提示标识设置在显眼处; (3)严禁人员背向临边站位		(1)安全员; (2)施工员
5	土方回填	(1)机械伤人; (2)坍塌		(1)设置专门的作业监护人对现场作业进行监护; (2)做好临边防护,对作业区域采用警示带围护,防止非作业人员进入		(1)安全员; (2)施工员

203. 井场场基、场面作业工作安全分析表

编号：JSA-DM026

单位		工作任务简述	井场场基、场面作业	
作业负责人		作业人员	需要的特种作业人员资质	设备操作证
序号	工作步骤	危害描述	危害控制措施	责任人（岗位）
1	放线	(1) 跌倒； (2) 绊倒； (3) 眼部损伤	行走时注意脚下，放线所用灰粉严禁触碰眼睛	施工员
2	土方开挖	(1) 机械伤人； (2) 交叉作业伤人	(1) 作业时设专门的设备监护人进行监督并提醒交叉作业时应保持的安全距离； (2) 对作业区域采用警示带围护，未经许可，严禁进入该作业区域	设备监护人
3	场基碾压	机械伤人	设置设专门的设备监护人	设备监护人
4	手摆片石、碎石铺设	物体打击	严格按操作规程作业，控制交叉作业人员之间的安全间距	施工员
5	碾压整平	机械伤人	设置设专门的设备监护人	设备监护人

204. 井架基础作业工作安全分析表

编号:JSA-DM027

单位					
作业负责人					
序号	工作任务简述		井架基础作业		
	工作步骤	作业人员	危害描述	危害控制措施	需要的特种作业人员资质	责任人(岗位)
	施工员				设备操作证,焊工证,电工证,架子工证	
1	放线,土方开挖		(1)机械伤人; (2)跌倒、绊倒; (3)眼部损伤	(1)作业时设专门的设备监护人进行监督并提醒交叉作业时应保持的安全距离; (2)对作业区域采用警示带围护,未经许可,严禁进入该作业区域; (3)行走时注意脚下,放线所用灰粉严禁触碰眼睛		设备监护人
2	垫层浇筑		振动棒漏电伤人	(1)加强日常检查,振动棒施工器具应绝缘良好,接零、接地和漏电保护装置可靠; (2)作业人员使用振动棒时应佩戴绝缘手套以及其他劳保用品		(1)施工员; (2)电工
3	钢筋制作安装		(1)钢筋刺伤人体; (2)烧伤; (3)触电	(1)焊机作业时由持证的焊工进行作业,焊机、弯曲机等施工器具应绝缘良好,接零、接地和漏电保护装置可靠; (2)加强对机具的检查,振动棒施工器具应绝缘良好,接零、接地和漏电保护装置可靠; (3)若有吊装作业应设置专职监护人进行监护		(1)施工员; (2)钢筋工
4	模板安装		(1)高处坠落; (2)落物伤人	(1)设置专职监护人; (2)高处作业时必须系安全带并佩戴好劳保,所使用工具应随时进行清理		(1)施工员; (2)架子工
5	混凝土浇筑		(1)机械伤人; (2)振动棒漏电伤人	(1)加强日常检查,振动棒施工器具应绝缘良好,接零、接地和漏电保护装置可靠; (2)作业人员使用振动棒时应佩戴绝缘手套以及其他劳保用品; (3)浇筑混凝土时有专人指挥,施工区域采用警示带围护,严禁非工作人员入内		(1)施工员; (2)电工
6	模板拆除,土方回填		(1)高处坠落; (2)坍塌、落物伤人; (3)机械伤人	(1)设置专职监护人; (2)高处作业时必须系安全带并佩戴好劳保,所使用工具应随时进行清理; (3)做好临边防护,对临边作业区域采用警示带围护,防止非作业人员进入		(1)施工员; (2)架子工

205. 其他设备基础作业工作安全分析表

编号:JSA-DM028

单位			工作任务简述	其他设备基础作业		
作业负责人	施工员		作业人员		需要的特种作业人员资质	责任人(岗位)
序号	工作步骤		危害描述	危害控制措施		
1	放线		(1)跌倒; (2)绊倒; (3)眼部损伤	行走时注意脚下,放线所用灰粉严禁触碰眼睛		施工员
2	土方开挖		(1)机械伤人; (2)交叉作业伤人	(1)作业时设专门的设备监护人进行监督并提醒交叉作业时应保持的安全距离; (2)对作业区域采用警示带围护,未经许可,严禁进入该作业区域		设备监护人
3	垫层浇筑		振动棒漏电伤人	(1)强日常检查,振动棒等施工器具应绝缘良好,接零、接地和漏电保护装置可靠; (2)作业人员使用振动棒时应佩戴绝缘手套以及其他劳保用品		(1)施工员 (2)电工
4	条石安砌		(1)物体打击; (2)高处坠落	(1)高处作业时必须设安全防护栏杆和安全网; (2)风险提示标识应设置在显处; (3)严禁人员背向临边站位		(1)安全员 (2)施工员
5	土方回填		(1)机械伤人; (2)坍塌	(1)设置专门的作业监护人对现场作业进行监护; (2)做好临边防护,对作业区域采用警示带围护,防止非作业人员进入	设备操作证、电工证	(1)安全员 (2)施工员

206. 废液处理池作业工作安全分析表

编号：JSA-DM029

单位				废液处理池作业	
作业负责人					
序号	工作任务简述				责任人（岗位）
	工作步骤	作业人员	危害描述	危害控制措施	需要的特种作业人员资质 设备操作证、电工证
1	放线、土方开挖		(1) 机械伤人； (2) 跌倒、摔倒； (3) 眼部损伤	(1) 作业时设专门的设备监护人进行监督并提醒交叉作业时应保持的安全距离； (2) 对作业区域采用警示带围护，未经许可，严禁进入该作业区域； (3) 行走时注意脚下，放线时用灰粉严禁触碰眼睛	(1) 设备监护人； (2) 施工员
2	垫层浇筑		振动棒漏电伤人	(1) 加强日常检查，振动棒使用时应绝缘良好，接零、接地和漏电保护装置可靠； (2) 作业人员应佩戴绝缘手套以及其他劳保用品	(1) 施工员； (2) 电工
3	条石安砌		(1) 物体打击； (2) 高处坠落	(1) 高处作业时必须设安全防护栏杆和安全网 (2) 风险提示标识应设置在显著处 (3) 严禁人员背向临边站位	(1) 安全员； (2) 施工员
4	开槽勾缝		(1) 飞石伤人； (2) 高处坠落	(1) 作业人员需佩戴护目镜； (2) 应搭设牢固脚手架及工作平台，并设置好水平网	施工员
5	三油两布		沥青伤人	(1) 必须佩戴护目镜和面罩。 (2) 保持通风，准备清水及香皂，以便随时清洗	施工员
6	池底钢筋制作安装		(1) 钢筋刺伤人体； (2) 烧伤； (3) 触电	(1) 焊机作业时由持证的焊工进行作业并佩带好劳保用品； (2) 加强对机具的检查，焊机、弯曲机等施工器具应绝缘良好，接零、接地和漏电保护装置可靠； (3) 若有吊装作业应设置专职监护人进行监护	(1) 施工员； (2) 钢筋工
7	池底混凝土浇筑		(1) 机械伤人； (2) 振动棒漏电伤人	(1) 加强日常检查，振动棒使用时应佩戴绝缘手套以及其他劳保用品； (2) 作业人员应佩戴绝缘手套以及其他劳保用品； (3) 浇筑混凝土时专人指挥，施工区域采用警示带围护，严禁非工作人员入内	(1) 施工员； (2) 电工

207. 公路路基、路面作业工作安全分析表

编号:JSA－DM030

单位				工作任务简述	公路路基、路面作业	
作业负责人				作业人员		
序号	工作步骤	危害描述	危害控制措施		需要的特种作业人员资质	责任人(岗位)
1	放线	(1)跌倒; (2)绊倒; (3)眼部损伤	行走时注意脚下,放线所用灰粉严禁触碰眼睛			施工员
2	土方开挖	(1)机械伤人; (2)交叉作业伤人	(1)作业时设专门的设备监护人进行监督并提醒交叉作业时应保持的安全距离; (2)对作业区域采用警示带围护,未经许可,严禁进入该作业区域			设备监护人
3	场基碾压	机械伤人	设置专门的设备监护人			设备监护人
4	手摆片石、碎石铺设	物体打击	严格按操作规程作业,控制交叉作业人员之间的安全间距			施工员
5	碾压整平	机械伤人	设置专门的设备监护人			设备监护人

208. 桥涵作业工作安全分析表

编号:JSA－DM031

单位				工作任务简述	桥涵作业	
作业负责人				作业人员		
序号	工作步骤	危害描述	危害控制措施		需要的特种作业人员资质	责任人(岗位)
1	放线	(1)跌倒; (2)绊倒; (3)眼部损伤	行走时注意脚下,放线所用灰粉严禁触碰眼睛		设备操作证、焊工证、电工证	施工员

续表

桥涵作业

单位					
作业负责人					
序号	工作步骤	作业人员 危害描述	危害控制措施	需要的特种作业人员资质	责任人(岗位)设备操作证、焊工证、电工证
2	土方开挖	(1)机械伤人； (2)交叉作业伤人	(1)作业时设专门的设备监护人进行监督并提醒交叉作业时应保持的安全距离； (2)对作业区域采用警示带围护，未经许可，严禁非该作业区域人员进入该作业区域		(1)操作手； (2)设备监护人
3	垫层浇筑	振动棒漏电伤人	(1)加强日常检查，振动棒等施工器具应绝缘良好，接零、接地和漏电保护装置可靠； (2)作业人员使用振动棒时应佩戴绝缘手套以及其他劳保用品		(1)施工员； (2)电工
4	钢筋制作安装	(1)钢筋刺人体； (2)烧伤； (3)触电	(1)焊接作业时由持证的焊工进行作业并佩带好保用品； (2)加强对机具的检查，焊机、弯曲机等施工器具应置专职监护人进行监护； (3)若有吊装作业应置专职监护人员		(1)施工员； (2)钢筋工
5	模板安装	(1)高处坠落； (2)落物伤人	(1)严格遵守模板安装安全操作规程； (2)按要求办理高处作业许可，设置专职监护人； (3)高处作业时必须系安全带并佩戴好劳保，所使用工具应随时进行清理		(1)施工员； (2)架子工
6	混凝土浇筑	(1)机械伤人； (2)振动棒漏电伤人	(1)加强日常检查，振动棒等施工器具应绝缘良好，接零、接地和漏电保护装置可靠； (2)作业人员使用振动棒时应佩戴绝缘手套以及其他劳保用品； (3)浇筑混凝土时有专人指挥，施工区域采用警示带围护，严禁非工作人员入内		(1)施工员； (2)电工
7	栏杆制作	(1)物体打击； (2)焊接时伤眼	作业人员正确佩戴防护目镜及劳保用品		(1)施工员； (2)焊工

209. 公路挡土墙作业工作安全分析表

编号:JSA – DM032

单位		工作任务简述	公路挡土墙作业	
作业负责人		作业人员	需要的特种作业人员资质	设备操作证、电工证
序号	工作步骤	危害描述	危害控制措施	责任人(岗位)
1	放线	(1)跌倒; (2)绊倒; (3)眼部损伤	行走时注意脚下,放线所用灰粉严禁触碰眼睛	施工员
2	土方开挖	(1)机械伤人; (2)交叉作业伤人	(1)作业时设专门的设备监护人进行监督并提醒交叉作业时应保持的安全距离; (2)对作业区域采用警示带围护,未经许可,严禁进入该作业区域	(1)操作手; (2)设备监护人
3	垫层浇筑	振动棒漏电伤人	(1)加强日常检查,振动棒等施工器具应绝缘良好,接零、接地和漏电保护装置可靠; (2)作业人员使用振动棒时应佩戴绝缘手套以及其他劳保用品	(1)施工员; (2)电工
4	条石安砌	(1)物体打击; (2)高处坠落	(1)高处作业时必须设置安全防护栏杆和安全网; (2)风险提示标识应设置在显眼处; (3)严禁人员背向临边站位	(1)安全员; (2)施工员
5	土方回填	(1)机械伤人; (2)坍塌	(1)设置专门的作业监护人对现场作业进行监护; (2)做好临边防护,对作业区域采用警示带围护,防止非作业人员进入	(1)安全员; (2)施工员

210. X射线探伤作业工作安全分析表

编号:JSA – DM033

单位		工作任务简述	X射线探伤作业		
作业负责人		作业人员		需要的特种作业人员资质	Ⅰ级及以上RT操作证、辐射安全与防护培训合格证
序号	工作步骤	危害描述	危害控制措施		责任人(岗位)
1	作业前准备	作业人员 (1)设备损坏; (2)坠落、物体打击	(1)正确穿戴劳保用品,操作者必须佩带"个人剂量计"和"射线报警器"; (2)对设备采用有效地防震、防潮和固定措施,"轻拿轻放"; (3)划定控制区和监督区,设置明显的警示标识; (4)对作业区域进行风险识别,告知作业人员; (5)高危作业及非常规作业时,必须办理相应的作业许可		(1)作业人员; (2)现场兼职HSE管理员
2	训机	(1)漏电伤人、辐射伤人; (2)设备损坏	(1)设备必须使用接地电阻小于4Ω的接地良好接地,电线应置在不易使人绊牵,不易受压断裂的地方; (2)设备合理放置,人员监护到位; (3)无关人员禁止进入警戒区域		(1)作业人员; (2)现场兼职HSE管理员
3	X射线探伤作业	辐射伤人	(1)安排专人看守,严禁无关人员进入警戒区域; (2)发生异常时,切断电源开关		(1)作业人员; (2)现场兼职HSE管理员
4	作业完成后	(1)坠落、物体打击; (2)设备损坏	(1)清理现场,有序撤离; (2)对设备采用有效地防震、防潮和固定措施,"轻拿轻放"; (3)清洁设备,放通风干燥处		(1)作业人员; (2)现场兼职HSE管理员

211. γ射线探伤作业工作安全分析表

编号:JSA－DM034

单位			γ射线探伤作业		
作业负责人					
	工作任务简述			需要的特种作业人员资质	责任人（岗位）
	作业人员				Ⅰ级及以上RT操作证，辐射安全与防护培训合格证
序号	工作步骤	危害描述	危害控制措施		
1	γ源出库	辐射伤人	(1)办理出库手手续，与源库管理人员进行签字交接； (2)用γ监测仪确认设备安全		(1)作业人员； (2)现场兼职HSE管理员； (3)源库管理人员
2	作业前准备	(1)坠落、物体打击； (2)设备损坏； (3)辐射伤人	(1)对作业人员进行安全交底，对设备进行检查； (2)操作者必须穿射线防护服，戴防护眼镜，佩带"个人剂量计"和"射线报警器"； (3)对作业区域进行风险识别，注意塌方和高空落物伤人，高危作业及非常规作业时，必须办理相应的作业许可； (4)划定控制区和监督区，设置明显的警示标识； (5)工作前应检查设备状况：控制机构应摇动灵活，无受卡、卡死现象；输源管应无压扁、折断现象		(1)作业人员； (2)现场兼职HSE管理员
3	γ射线探伤作业	(1)设备损坏； (2)辐射伤人	(1)使用时合理放置设备，防止输源管受外力损坏； (2)射线曝光时，安排专人看守，严防无关人员进入； (3)设备发生异常并无法处理时，按照"γ源探伤突发事故处理预案程序"进行处理		(1)作业人员； (2)现场兼职HSE管理员
4	作业完成后	辐射伤人	用γ监测仪验证放射源是否收回到位，确认安全回收后，清理现场，有序撤离		(1)作业人员； (2)现场兼职HSE管理员
5	γ源入库	辐射伤人	送回到"γ射线机库房"后，由源库管理人员再一次检查γ射线机，确认完好，验收并登记确保处于受控状态		(1)作业人员； (2)现场兼职HSE管理员； (3)源库管理人员

212. 磁粉探伤作业工作安全分析表

编号：JSA-DM035

单位				磁粉探伤作业		编号：JSA-DM035
作业负责人					需要的特种作业人员资质	I级以上MT操作证
序号	工作任务简述		危害控制措施		责任人(岗位)	
	工作步骤	作业人员				
		危害描述				
1	操作人员进入探伤区域	(1)坠落、物体打击；(2)设备损坏	(1)正确穿戴劳保用品；(2)对作业区域进行风险识别，告知作业人员		现场兼职HSE管理员	
2	启动电器设备	(1)漏电和电击伤人；(2)设备损坏	(1)发电机和探伤仪必须使用接地电阻小于4Ω的接地线，连接电源线应安置在不易使人绊拌，不易受压断裂的地方；(2)对设备采用有效地防震、防潮和固定措施，"轻拿轻放"		(1)作业人员；(2)现场兼职HSE管理员	
3	磁粉探伤作业	(1)漏电伤人；(2)设备损坏	(1)防漏电，设备必须使用接地电阻小于4Ω的接地线，连接电源线应安置在不易使人绊拌，不易受压断裂的地方；(2)使用紫光灯时，人眼应避免直接注视紫外光源，应经常检查滤光板，不准有任何裂纹，检验时应戴上相应的防护眼镜		(1)作业人员；(2)现场兼职HSE管理员	
4	探伤作业完成后	(1)设备损坏；(2)漏电伤人	(1)清理现场，有序撤离；(2)对设备采用有效地防震、防潮和固定措施，"轻拿轻放"；(3)清洁设备，放通风干燥处		(1)作业人员；(2)现场兼职HSE管理员	
5	磁粉机的搬运	设备损坏	运输采用防震和固定措施；在物流运输时必须张贴"易碎品""此面向上"等标识		(1)作业人员；(2)现场兼职HSE管理员	

213. 爬行器探伤作业工作安全分析表

编号：JSA-DM036

单位		工作任务简述	爬行器探伤作业		
作业负责人				需要的特种作业人员资质	责任人(岗位)
序号	工作步骤	危害描述	危害控制措施	Ⅰ级及以上RT操作证、辐射安全与防护培训合格证	
1	作业前准备	(1) 触电； (2) 坠落、物体打击； (3) 设备损坏	(1) 电池盒必须有绝缘胶垫包裹，检查相关接电线； (2) 正确穿戴劳保用品； (3) 操作者必须佩戴"个人剂量计"和"射线报警器"； (4) 对设备采用有效地防震、防潮和固定措施，"轻拿轻放"； (5) 划定控制区和监督区，设置明显的警示标识； (6) 对作业区域进行风险识别，告知作业人员		(1) 作业人员； (2) 现场兼职HSE管理员
2	安放管道爬行器	设备掉落，砸伤	按照操作规程安放设备，在输送到管道内时必须4人以上搬运爬行器		(1) 作业人员； (2) 现场兼职HSE管理员
3	爬行器在管道内工作	辐射伤人	安排专人看守，严防无关人员进入警戒区域		(1) 作业人员； (2) 现场兼职HSE管理员
4	作业完成后	(1) 坠落、物体打击； (2) 设备损坏	(1) 禁止人员正对管口位置站立，接收设备时必须4人以上； (2) 清理现场，有序撤离； (3) 对设备采用有效地防震、防潮和固定措施，"轻拿轻放"； (4) 清洁、拆卸设备，放通风干燥处		(1) 作业人员； (2) 现场兼职HSE管理员

七、后勤车间

214. 防喷器承压起下钻试验工作安全分析表

单位			防喷器承压起下钻试验		编号:JSA－HQ001
作业负责人					
序号	工作步骤	危害描述	危害控制措施	需要的特种作业人员资质	责任人(岗位)
	工作任务简述	作业人员			起重操作证、起重指挥证、司索证、井控作业证、电工证
1	被试件吊入地坑,吊入钻杆	(1)起重伤害; (2)划伤;	(1)使用前检查钢丝绳,无断丝股、型号、规格与所吊物体质量匹配; (2)操作人员应戴好手套,选择吊点,再悬挂钢丝绳,试起吊; (3)配合人员正确使用牵引绳,行车操作人员听从司索指挥,其他无关人员禁止掌证作业区域		(1)司索; (2)指挥人员
2	连接试压工装	(1)砸伤; (2)触电	(1)正确佩戴护目镜、手套; (2)人员正确站位,掌握工装平衡,正确使用扳手; (3)在平板车移动时,专人看护墙边电缆线避免电缆线断裂导致触电		防喷器检验员
3	连接试验装置	(1)摔伤、砸伤; (2)机械伤害; (3)触电; (4)设备损坏	(1)高处作业人员正确佩戴保险带,并设专人进行监护; (2)台架下行操作时,应使用点动方式进行操作,避免误操作;同时,操作人员、监护人员合理站位,协调配合连接钻杆,连接模拟井筒; (3)定期检查电线线路及开关; (4)定期检查试验设备,防止限位器脱落、电磁阀损坏		防喷器检验员
4	关闭防喷器	(1)管线、阀门破裂漏油; (2)压力伤害	(1)无关人员禁止靠近试验区域; (2)开启远控台卸压时,仔细检查油气管线有无破损; (3)定期检查阀门,管线并更换管线		防喷器检验员
5	起下钻承压试验	(1)触电; (2)高压管线刺漏伤人	(1)定期检查管线及开关; (2)无关人员禁止靠近试验区域; (3)定期检查传感器防止超压		防喷器检验员
6	被试件及设备连接拆装	(1)压力伤害; (2)人员跌落(地坑)	(1)专人检查卸压情况,防止余压伤人; (2)专人提醒操作人员站位,协调配合; (3)临边作业,高处作业拴好保险绳		防喷器检验员

续表

单位				
作业负责人	工作任务简述			
	作业人员		需要的特种作业人员资质	起重操作证,起重指挥证,司索证,井控作业证,电工证
序号	工作步骤	危害描述	危害控制措施	责任人(岗位)
7	吊出钻杆,吊出被试件	(1)起重伤害; (2)划伤	(1)使用前检查钢丝绳,无断丝,与所吊物体质量匹配; (2)操作人员应戴好手套,选择吊点,再悬挂钢丝绳,试起吊; (3)配合人员正确使用牵引绳,行车操作人员听从指挥,其他无关人员禁止靠近作业区域	防喷器承压起下钻试验 防喷器检验员

215. 行车吊装物品工作安全分析表

编号:JSA-HQ002

单位				
作业负责人	工作任务简述			
	作业人员		需要的特种作业人员资质	起重操作证,司索证,吊装指挥证,井控证
		吊装物品		
序号	工作步骤	危害描述	危害控制措施	责任人(岗位)
1	挂吊具、牵引绳、试吊	(1)车辆伤害; (2)滑跌; (3)夹手; (4)起重伤害	(1)专人指挥运输车辆入场,车辆到位后使用木楔支垫运输车轮; (2)正确松绑物体与车厢的捆绑绳索,观察物体摆放情况后再打开车厢门,使用梯子上下车辆; (3)用前检查钢丝绳,无断丝与所吊物体质量匹配; (4)操作人员应戴好手套,选择吊点,单件起吊,待挂好钢丝绳并下至地面安全区域后,再试起吊; (5)配合人员应正确使用牵引绳(不得把手放在吊索与物之间),行车操作人员应听从指挥	(1)司索; (2)指挥人员
2	起吊移动吊物	(1)起重伤害; (2)吊物游动碰伤人或物	(1)严禁所有人员进入吊装区域; (2)起吊物捆绑牢靠,无零散物; (3)吊物离地高度不应高于人体	(1)司索; (2)指挥人员

续表

单位				吊装物品	
作业负责人		工作任务简述			
		作业人员		需要的特种作业人员资质	起重操作证,司索证,吊装指挥证,井控证
序号	工作步骤	危害描述	危害控制措施		责任人(岗位)
3	放置吊物	(1)压伤、夹伤; (2)损设备、物资	(1)吊物低位手扶时,肢体应保持安全距离; (2)清理摆放位置,干净无杂物; (3)空间足够时,应避免吊物伸出钢木基础,若吊物支出枕木,应拉警戒线		(1)司索; (2)指挥人员
4	取吊具	吊具缠绕伤人	吊具松弛后,戴手套摘取。		(1)司索; (2)指挥人员

216. 防喷器高低温试验工作安全分析表

编号:JSA-HQ003

单位				防喷器高低温试验	
作业负责人		工作任务简述			
		作业人员		需要的特种作业人员资质	起重操作证,起重指挥证,司索证,井控作业证,电工证
序号	工作步骤	危害描述	危害控制措施		责任人(岗位)
1	安装防喷器	(1)砸伤; (2)夹伤; (3)滑倒	(1)榔头敲击前,佩戴好护目镜; (2)检查榔头与手柄连接情况,清理手柄油污; (3)提前检查,正确使用敲击板手,人员正确站位,敲击榔头人员及其他人员正确站位; (4)及时清理地面,设备上油污,并做防滑处理		高低温检验员
2	加热管、传感器连接	(1)触电; (2)夹伤; (3)滑跌	(1)连接工作前先确保所有电源处于关闭状态,并上锁挂签; (2)确定接线方法正确有效; (3)及时清理地面,设备上油污,并做防滑处理		高低温检验员

续表

单位				防喷器高低温试验		
作业负责人			工作任务简述			
			作业人员		需要的特种作业人员资质	责任人(岗位)
序号	工作步骤	危害描述	危害控制措施			起重操作证,起重指挥证,司索证,井控作业证,电工证
3	高温加热	(1)烫伤; (2)设备损伤	(1)作业区拉警戒线,开启警示灯; (2)加热时禁止任何人进入箱体内; (3)必须要有熟悉设备操作的人员在场,以免误操作			高低温检验员
4	低温、降温	(1)冻伤; (2)设备损伤	(1)作业区拉警戒线,开启警示灯; (2)降温启动后,禁止任何人进入箱体内; (3)在必须要进入箱体内进行手动操作时,必须正确穿戴好防护用品,至少有2名或以上的专业人员,另设置监护人,方可进入; (4)必须要有熟悉设备操作的人员在场,以免误操作			高低温检验员
5	高压试验	(1)爆炸; (2)设备损坏	(1)作业区拉警戒线,开启警示灯; (2)禁止闲杂人员进入工作区域; (3)必须要有熟悉设备操作的人员在场,以免误操作			高低温检验员
6	拆装防喷器及设备	(1)砸伤; (2)摔伤; (3)滑倒	(1)榔头敲击前,佩戴好护目镜; (2)检查榔头与手柄连接,清理手柄油污;榔头敲击人员及其他人员正确站位,防止榔头飞出; (3)提前检查,正确使用敲击扳手,人员正确站位,防止扳手飞出; (4)及时清理地面,设备上油污,并做防滑处理			高低温检验员

217. 内防喷工具试验工作安全分析表

编号：JSA-HQ004

单位		工作任务简述	内防喷工具试验	
作业负责人		作业人员	需要的特种作业人员资质	责任人（岗位）
				起重操作证、司索证、起重指挥证、井控作业证
序号	工作步骤	危害描述	危害控制措施	
1	安装内防喷工具	(1)眼部伤害； (2)物体打击； (3)滑跌	(1)榔头敲击前，佩戴好护目镜； (2)检查榔头与手柄连接，清理手柄油污；榔头敲击人员及其他人员正确站位； (3)及时清理地面、设备上油污，并做防滑处理	内防喷工具检验员
2	管线连接	(1)夹伤； (2)滑倒	(1)正确操作扳手、管钳； (2)及时清理地面、设备上油污，并做防滑处理	内防喷工具检验员
3	高压试验	(1)压力伤害； (2)设备损伤	(1)检查压力管线（包括安全阀及附件）和连接情况； (2)作业区拉警戒线，试验前，所有人员撤离至安全区	内防喷工具检验员
4	内防喷工具拆装	(1)砸伤； (2)夹伤； (3)滑倒	(1)榔头敲击前，佩戴好护目镜； (2)检查榔头与手柄连接，清理手柄油污；榔头敲击人员及其他人员正确站位； (3)及时清理地面、设备上油污，并做防滑处理	内防喷工具检验员

218. 气密封试验工作安全分析表

单位				编号:JSA－HQ005
作业负责人		工作任务简述	气密封试验	
		作业人员	需要的特种作业人员资质	责任人(岗位)
序号	工作步骤	危害描述	危害控制措施	起重操作证、起重指挥证、司索证、井控作业证、电工证
1	连接管线及法兰	(1)砸伤； (2)滑倒	(1)正确佩戴护目镜、手套，用正确的方法紧固螺栓，注意人员站位； (2)及时清理现场油污	气密封检验员
2	被试件吊入水池	(1)落物伤害； (2)划伤； (3)淹溺	(1)使用前检查钢丝绳，无断丝，与所吊物体质量匹配； (2)操作人员应戴好手套，选择吊点，再悬挂钢丝绳，试起吊； (3)配合人员正确使用牵引绳，听从司索操作人员指挥，其他无关人员禁止靠近作业区域； (4)及时清理水池四周油污、杂物，操作人员与水池边缘保持安全距离	气密封检验员
3	开启供气系统	(1)触电； (2)机械伤害	(1)戴好手套，禁止湿手操作； (2)人员正确站位，勿对飞轮	气密封检验员
4	气密封试验	(1)设备或被试件超压爆炸伤人； (2)高压管线刺漏伤人； (3)阀门刺漏或飞出伤人	(1)采用阶梯升压，试验压力不能超过被测试压力的5%或3.45MPa(取其最小者)； (2)加压时禁止任何人进入气密封现场，并拉警戒线，开启警示灯和接放警示牌； (3)操作控制箱在控制箱中高压阀门刺漏或漏放阀芯飞出	气密封检验员
5	泄压	压力伤害	(1)缓慢泄压，防止管线冰堵，根据泄压时间预判是否完全泄压，防止余压伤人； (2)泄压时禁止任何人进入气密封现场，并拉警戒线	气密封检验员
6	被试件吊出水池	(1)落物伤害； (2)划伤； (3)淹溺	(1)使用前检查钢丝绳，无断丝，与所吊物体质量匹配； (2)操作人员应戴好手套，选择吊点，再悬挂钢丝绳，试起吊； (3)配合人员正确使用牵引绳，听从司索操作人员指挥，其他无关人员禁止靠近作业区域； (4)及时清理水池四周油污、杂物，操作人员与水池边缘保持安全距离	气密封检验员
7	拆卸试压管线	管线冰堵、高压伤人	(1)拆卸管线时，仔细观察试压接头是否起霜结冰，若有，则可能发生冰堵，应将被试件放于安全区域，等待冰化后，再行拆卸； (2)人员避开管线接头连接部位站位	气密封检验员

219. 场站完整性评价工作安全分析表

编号：JSA-HQ006

单位			工作任务简述	油气场站内，各处理厂内的工业管道检测		
作业负责人			作业人员		需要的特种作业人员资质	管道检验员证、无损检测一级证
						责任人（岗位）
序号	工作步骤	危害描述	危害控制措施			
1	机具准备	物体打击	机具下车时应使用双手，一手扶住机具底部，使机具平稳下车，双人配合			作业负责人
2	核对工艺流程图，划分管段，确定腐蚀回路和物流回路	(1)碰撞； (2)滑跌； (3)中毒	(1)正确穿戴劳保用品，选择便于行走的路线； (2)行走中应观察路面平整、湿滑等情况，注意避让站内设备； (3)随身佩戴硫化氢报警仪，闻到异常气味或听到仪器报警迅速撤离			检验检测人员
3	绘制管段单线图和容器展开图；按检测方案进行壁厚测试	(1)碰撞； (2)滑跌； (3)中毒	(1)检查仪器防爆情况，若使用不防爆仪器在油气场所进行检测时，必要时应进行可燃气体检测； (2)正确穿戴劳保用品，选择好行走路线； (3)行走中应观察路面平整、湿滑等情况，注意避让站内设备； (4)随身佩戴硫化氢报警仪，闻到异常气味或听到仪器报警迅速撤离			检验检测人员
4	开挖检测用探坑	(1)工具伤人； (2)探坑坍塌； (3)坠落； (4)损伤管体或埋地线缆； (5)爆炸； (6)中毒	(1)在开挖过程中，禁止闲杂人员进入施工区域，同时配合作业人员合理站位，保证足够的运动空间； (2)对于油、气、水、电(光)缆等地下管网分布不清的区域，应采用手工开挖方式进行探查，发现异常应立即停止施工查看明情况，再根据情况采取相应措施； (3)按规定进行开放段坡，挖出的泥土堆放点至少远离坑体边缘1m，堆放高度小于1.5m，保持边坡稳固； (4)挖好的探坑及时做好安全警示； (5)开挖过程中不能抽烟或使用其他明火带火的东西，防止因气漏而产生爆炸，同时作业人员佩戴可燃气体报警仪，实时监控空气中的硫化氢含量和管道及元件泄漏带出的硫化氢			检验检测人员

— 204 —

续表

单位		油气场站内、各处理厂内的工业管道检测		管道检验员证、无损检测一级证
作业负责人		作业人员		责任人(岗位)
序号	工作步骤	危害描述	危害控制措施	需要的特种作业人员资质
5	剥离防腐层	(1) 眼部伤害； (2) 管体损伤； (3) 中毒	(1) 使用手工具，穿戴好劳保手套、衣服、工鞋、防护镜、安全帽，防止防腐层打磨过程中玻璃纤维、铁屑等飞溅； (2) 剥离防腐层时，应缓慢加力，禁止用猛力作用于管体之上； (3) 佩戴硫化氢报警仪，实时监控空气中的硫化氢含量和管道元件泄漏带出的硫化氢	检验检测人员
6	管线超声导波检测	(1) 检测设备损坏； (2) 中毒	(1) 检测设备要轻拿轻放，检测完毕及时放在专用箱内； (2) 佩戴硫化氢报警仪，实时监控空气中的硫化氢含量和管道及元件泄漏带出的硫化氢	检验检测人员
7	下坑检测管线	(1) 摔伤、落石伤人； (2) 中毒、窒息	(1) 下坑作业前办理有限空间进入许可证；用硫化氢检测仪进行检测，确认安全后下坑检测；同时佩戴多功能(硫化氢、氧气)报警仪，实时监控空气中相关气体含量； (2) 坑检测时做好安全监护人； (3) 设置下坑通道，清理坑边松动的石块； (4) 保证检测坑内通风	检验检测人员
8	回填探坑	(1) 工具伤人； (2) 防腐层或管体损伤	(1) 保证足够的施工空间； (2) 回填时，细土慢回，不能将石头直接抛在坑内	检验检测人员

220. 站外在用油气管线检测工作安全分析表

编号：JSA-HQ007

单位		站外在用油气管线检测(包括长输管道、集输管道、公用管道检测)		管道检验员证、无损检测一级证
作业负责人		作业人员		责任人(岗位)
序号	工作步骤	危害描述	危害控制措施	需要的特种作业人员资质
1	机具准备	机具跌落伤人	机具下车时双手扶住，一手抓把手，一手扶住机具底部，使机具平稳下车	作业人员

— 205 —

续表

单位		站外在用油气管线检测(包括长输管道、集输管道、公用管道检测)		
作业负责人				
序号	工作步骤	工作任务简述	需要的特种作业人员资质	责任人(岗位)
		作业人员	管道检验员证、无损检测一级证	
		危害描述	危害控制措施	
2	防腐层检测仪架设	(1)阀井盖跌落伤人; (2)坠落; (3)电击	(1)两人配合打开阀井盖,使用工具,不能徒手打开井盖; (2)打开的阀井周围设立安全警示标志; (3)发电机、检测仪放置干燥地面,电源线不能有裸露部分,不能湿手插电	作业人员
3	管线非开挖检测	(1)交通事故; (2)摔伤、碰伤; (3)中暑	(1)过路口时避让行驶车辆;绿灯通行; (2)走线时注意脚下石块和台阶,野外走线时确认沟坎后再通过; (3)夏天避开高温时段进行检测	作业人员
4	检测坑开挖	(1)工具伤人; (2)探坑坍塌; (3)坠落; (4)损伤管体或埋地线缆; (5)爆炸; (6)中毒	(1)开挖过程中闲杂人等远离,保证足够的运动空间; (2)按规定放坡,挖出的泥土堆放点至少离坑体边缘1m,堆放高度小于1.5m,保持边坡稳固; (3)挖好的探坑及时做好安全警示; (4)采用手工开挖方式,发现管道和线缆,及时查明,并进行保护; (5)开挖过程中不能抽烟或使用其他带明火产生爆炸,防止因漏气而产生爆炸,同时作业人员需佩戴可燃气体泄漏检测仪; (6)佩戴硫化氢报警仪,实时监控空气中的硫化氢含量和管道反元件泄漏带出的硫化氢	作业人员
5	剥离防腐层	(1)眼睛刺伤; (2)管体损伤; (3)中毒	(1)使用工具,穿戴好劳保手套、衣服、工鞋、防护镜,防止用力过猛作用于管体之上、猛力作用于管体之上、打磨过程飞溅纤维、铁屑等飞溅; (2)剥离防腐层用力得当,防止使用蛮力; (3)佩戴硫化氢报警仪,实时监控空气中硫化氢含量	作业人员
6	下坑检测管线	(1)摔伤、落石伤人; (2)中毒	(1)坑检时必须有人监护; (2)设置下坑通道,清理坑边松动的石块; (3)下坑前用硫化氢检测仪进行检测,确认安全后下坑检测,同时佩硫化氢报警仪,实时监控空气中的硫化氢含量; (4)保证检测坑内通风	作业人员
7	回填探坑	(1)工具伤人; (2)防腐层或管体损伤	(1)保证足够的施工空间; (2)回填时,细土慢回,不能将石头直接抛在坑内	作业人员

221. 安全阀校验工作安全分析表

编号：JSA－HQ008

单位					
作业负责人		工作任务简述	安全阀校验		
		作业人员		需要的特种作业人员资质	安全阀校验员证、高处作业证
序号	工作步骤	危害描述	危害控制措施		责任人(岗位)
1	进入现场	(1) 碰撞； (2) 跌倒	(1) 操作人员按规定穿戴工作帽、工作服、手套、防滑工鞋； (2) 搬运气瓶、安全阀等设备应两人配合并小心放置； (3) 严禁携带火种和手机进入施工区域，在检测区域10m外设置安全隔离带； (4) 检查仪器防爆情况，若使用不防爆仪器在油气场所进行检测时，必要时应进行可燃气体检测； (5) 选择好行走路线，行走中应观察路面平整、湿滑等情况，注意避让站内设备； (6) 随身佩戴硫化氢报警仪，闻到异常气味或听到仪器报警迅速撤离		现场校验人员
2	高空作业	坠落伤人	(1) 进行高空作业时，必须办理高处作业许可，系好安全带，防止高空坠落； (2) 所用的工具、材料必须平稳放置在宽敞位置，所用工具应栓尾绳，用完及时放人工具袋内，防止坠落伤人		现场校验人员
3	安全阀拆卸、清洗	(1) 压力伤害； (2) 中毒	(1) 拆卸安全阀必须在井站工作人员配合下方能进行拆卸作业； (2) 作业人员需了解和正确使用气体监测仪及防毒面具，随时监测气体泄漏		现场校验人员
4	安全阀的压力整定和压力试验	压力伤害	(1) 确定压力状况和管线的连接； (2) 校验安全阀测试需用肥皂水、硫化氢检测仪等进行检测，确保所有人员在安全范围内，才能进行校验工作		现场校验人员
5	安装	(1) 中毒； (2) 压力伤害	(1) 安装安全阀测试密封压力时，应确保所有人员在安全范围内，才能进行作业； (2) 安装完毕后用肥皂水、硫化氢检测仪等进行检测，确保安全阀的密封性能； (3) 正确使用气体监测仪和防毒面具，随时监测气体泄漏		现场校验人员
6	铅封和挂牌	击伤	制作铭牌时，必须正确穿戴防护手套，防止榔头击伤手部		现场校验人员
7	撤离现场	(1) 碰撞； (2) 跌倒	(1) 搬运气瓶等设备应小心置放； (2) 施工区域应清理干净		现场校验人员

222. 压力容器检验工作安全分析表

编号：JSA-HQ009

单位			压力容器检验		
作业负责人			工作任务简述	需要的特种作业人员资质	容器检验员证、高处作业证
			作业人员		责任人（岗位）
序号	工作步骤	危害描述	危害控制措施		
1	检测前作业准备	(1)碰撞； (2)跌倒； (3)中毒	(1)操作人员按规定穿戴工作帽、工作服、手套、工作鞋，防滑手套、口罩； (2)严禁携带火种和手机进入施工区域，施工区域10m外设置安全隔离带； (3)作业人员需了解和正确使用气体监测仪及空气呼吸器，随时监测气体泄漏		现场检验人员
2	高空作业	坠落伤害	(1)必须持证上岗，系好安全带，防止作业时高空坠落； (2)所用的工具、材料必须堆放稳定，所用的工具应随时放入工具袋内，防止坠落伤人		现场检验人员
3	用电	触电	(1)严禁湿手操作； (2)检查电缆是否破损、断裂； (3)使用防爆线盘和循线板且带有漏电开关		现场检验人员
4	砂轮机打磨	(1)粉尘伤害； (2)火花伤害； (3)爆炸伤害	(1)劳保穿戴整齐，作业人员佩戴口罩隔打磨中的粉尘； (2)打磨作业时必须佩戴防护目镜，防止残屑飞溅伤眼； (3)正确使用砂轮机，操作时的打磨方向严禁对着周围的工作人员及易燃、易爆危险物品		现场检验人员
5	外观及无损检测	化学伤害	(1)作业人员佩戴口罩、防护镜，并穿戴好塑料手套，防止直接接触化学药剂； (2)检测完成后用清水洗手净双手		现场检验人员
6	检测完毕	(1)碰撞； (2)跌倒	(1)搬运设备应小心置放； (2)施工区域应清理干净		现场检验人员

223. 声发射检测工作安全分析表

编号:JSA－HQ010

单位		工作任务简述		声发射检测	
作业负责人		作业人员		需要的特种作业人员资质	声发射检测证
序号	工作步骤	危害描述	危害控制措施		责任人(岗位)
1	接通电源	触电伤害	(1)检查电缆是否破损、断裂; (2)如有接电情况,必须由持电工证的人员操作		作业人员
2	打磨表面	粉尘伤害、电火花伤害	(1)劳保穿戴整齐,作业人员佩戴口罩隔离打磨中的粉尘; (2)佩戴护目镜,防止打磨中的电火花飞溅; (3)正确使用砂轮机,操作时的打磨方向严禁对着周围的工作人员及易燃易爆危险物品		作业人员
3	表面清洗	化学伤害	作业人员佩戴好口罩、防护眼镜,并穿戴好塑料手套,防止直接触化学药剂;检测完成后用清水洗干净双手		作业人员
4	布置、收回传感器	摔伤	(1)作业人员劳保穿戴整齐; (2)作业时注意周围环境,动作轻微,防止试压坑湿、滑、脏,造成人员摔伤		作业人员
5	声发射检测中升压、稳压、泄压过程	爆裂	(1)试压必须在试压坑内进行; (2)试压开始后,作业人员必须远离试压坑,避免试压过程产生爆裂造成人员伤害; (3)试压坑外树立警示标识,防止他人靠近试压坑造成人员伤害		作业人员

224. 有毒有害气体报警器检定工作安全分析表

编号：JSA-HQ011

单位		工作任务简述	有毒有害气体报警器检定作业		
作业负责人		作业人员		需要的特种作业人员资质	计量检定员证
序号	工作步骤	危害描述	危害控制措施		责任人(岗位)
1	检定前设备检查	砸伤	(1) 搬运设备时，注意力集中，必要时双人协作； (2) 正确穿戴劳保用品		检定人员
2	标气取用	(1) 摔伤； (2) 压力容器爆炸； (3) 中毒； (4) 毒气泄漏； (5) 火灾	(1) 在门口处张贴警示标志，防止进出防盗门时被门框绊脚；搬运标气时，安排专人提醒； (2) 定期检查排风扇、电器（含开关、插座）、电路，确保防爆性能； (3) 取用标气前开启排风扇换气10min以上，保障室内空气在安全值内； (4) 定期检查，检定固定式检测仪，确保存放室内的气体浓度在安全许可范围内；必要时，使用便携式检测仪进行辅助检测； (5) 按期送检气瓶，保障气瓶质量； (6) 各次气瓶使用后入库前，检查压力容器开关、破损情况； (7) 配置一定数量的灭火器和空气呼吸器		(1) 检定人员； (2) 安全员
3	标气管线连接	(1) 中毒； (2) 手部划伤	(1) 定期对检定配套装置和气瓶进行送检，确保螺纹不滑扣，密封胶圈不失效； (2) 正确穿戴劳保用品，防螺纹毛刺、裂口造成手部划伤； (3) 按人员配置一定数量的防毒面具和空气呼吸器		检定人员
4	设备检定	(1) 中毒； (2) 气瓶爆炸	(1) 通风不畅，人员安装防爆风扇保持室内通风，并备气体报警器，随时监控； (2) 防毒面具超期使用，造成人员中毒、定期更换防毒面具滤罐或将面具更换为空气呼吸器		检定人员
5	检定完成后场地清理	(1) 气体泄漏； (2) 砸伤	(1) 气瓶装箱前对气瓶进行检查，关严气瓶阀门，并配置防泄漏瓶帽； (2) 使用专用气瓶搬运箱对气瓶进行搬运； (3) 正确穿戴劳保用品		检定人员

225. 空气呼吸器检测工作安全分析表

编号:JSA-HQ012

单位					
作业负责人			工作任务简述		
			空气呼吸器检验		
序号	工作步骤	作业人员	危害描述	危害控制措施	需要的特种作业人员资质	责任人(岗位)
1	检测前设备检查		(1) 砸伤; (2) 撞伤; (3) 触电	(1) 正确穿戴安全帽,防砸防刺皮鞋,劳保手套等劳保用品; (2) 设备搬运途中,注意力集中,必要时两人协作; (3) 设备通电前对电源线进行检查,确保电源线质量可靠;设备预热时,人员选择合适位置站位		检测人员
2	空气呼吸器外观检查及拆卸		(1) 砸伤; (2) 压力伤害	(1) 正确穿戴劳保用品; (2) 搬运设备时,注意力集中,必要时双人协作; (3) 拆卸气瓶前对空气呼吸器外观进行检查,并放空减压管线内余气,防止气瓶余压冲击伤害		检测人员
3	空气呼吸器检测		(1) 压力伤害; (2) 手部伤害; (3) 噪音; (4) 砸伤; (5) 爆炸	(1) 正确穿戴劳保用品,防护用品; (2) 气体泄漏造成高压冲击伤害; (3) 检测前检查密封胶圈是否损坏,密封胶圈失效,检测过程中随时检查螺纹连接情况,防止螺纹滑扣; (4) 检测中正确固定气瓶,防止气瓶滚动和坠落,倾倒,避免气瓶掉落撞击地面		检测人员
4	检测完成后场地清理		(1) 压力伤害; (2) 砸伤	(1) 气瓶检测结束后,检查瓶内余气情况; (2) 搬运设备中,注意力集中,必要时双人协作		检测人员

226. 高温高压滤失量测定工作安全分析表

编号：JSA-HQ013

单位					
作业负责人		工作任务简述	高温高压滤失量测定		
序号	工作步骤	作业人员 危害描述	危害控制措施	需要的特种作业人员资质	责任人（岗位）检验员资格证
1	接通电源加热，装样人杯	(1) 触电 (2) 重物砸伤； (3) 摔跌	(1) 提前清理试验台上杂物，保证仪器操作空间足够； (2) 使用标准的插接头，不用湿手插接电源； (3) 操作中，保持仪器放置于试验台中间部位，避免手捕仪器跌落； (4) 随时清理实验室地面，避免有油污或钻井液等； (5) 穿戴好劳护用品，安装设备时使用专业工具		实验员
2	将杯放入加热套，接上高压气源和胶圈，升温到检测温度	(1) 烫伤（最高温度150℃）； (2) 管线、杯体刺漏； (3) 高压爆炸	(1) 保持防护用品穿戴，放样杯人加热套时，避免手部直接接触升温釜体； (2) 检查设备阀杆、胶圈是否完好； (3) 注意确保阀杆和气源连接牢固； (4) 严密监测压力表读数		实验员
3	加压到4.2MPa，开始检测，记录数据	(1) 高压爆炸； (2) 管线、杯体刺漏； (3) 烫伤（最高温度150℃）	(1) 保持防护用品穿戴，避免直接接触设备升温釜体； (2) 检查管路和连接口表密是否正常； (3) 严密监测压力表读数		实验员
4	实验结束，关闭气源和电源	(1) 高压爆炸； (2) 烫伤（最高温度150℃）； (3) 高压伤害	(1) 穿戴好劳保用品，避免手部直接接触升温釜体； (2) 排气口朝向避免人员； (3) 断开电源时，避免湿手拔插电源接头		实验员
5	杯冷却至室温，泄压，清洗样杯	(1) 重物砸伤； (2) 摔跌； (3) 高压伤害	(1) 泄压时，人员站位避开排气口； (2) 将钻井液杯放在试验台中间拆卸，避免杯体、杯盖跌落； (3) 实验室地面清理干净，避免有油污或钻井液等液体； (4) 穿戴好劳保用品		实验员

227. 泥饼黏附系数测定工作安全分析表

编号：JSA-HQ014

单位				泥饼黏附系数测定	
作业负责人		工作任务简述		作业人员	责任人（岗位）
序号	工作步骤	危害描述	危害控制措施	需要的特种作业人员资质	检验员资格证
1	装样入杯	(1) 落物伤害； (2) 滑跌； (3) 手部伤害	(1) 提前清理试验台上杂物，保证仪器操作空间足够； (2) 操作中，保持仪器放置于试验台中间部位，避免仪器跌落； (3) 随时清理实验室地面，避免有油污或钻井液等； (4) 穿戴好防护用品，安装设备时使用专业工具		实验人员
2	加压、检测	(1) 高压刺漏； (2) 高压爆炸	(1) 保持防护用品穿戴； (2) 检查设备阀门漏、胶圈是否完好； (3) 注意确保阀门和气源连接牢固，一人负责监护； (4) 严密监测压力表读数		实验人员
3	实验结束，关闭气源，取出样杯	(1) 高压刺漏； (2) 高压爆炸； (3) 落物伤害； (4) 手指夹伤	(1) 保持防护用品穿戴； (2) 操作中，保持仪器放置于试验台中间部位，使用专业工具拆卸仪器； (3) 排气口避免朝向人员		实验人员
4	清洗样杯	(1) 落物伤害； (2) 摔跌	(1) 将钻井液杯放在试验台中间拆卸，避免杯体、杯盖跌落； (2) 随时清理实验室地面，避免有油污或钻井液等液体； (3) 穿戴好劳保用品		实验人员

228. 现场抽样工作安全分析表

编号:JSA-HQ015

单位		工作任务简述		现场抽样	
作业负责人		作业人员		需要的特种作业人员资质	检验员资格证
序号	工作步骤	危害描述	危害控制措施		责任人(岗位)
1	携带取样工具,乘车前往取样现场	(1)扭伤; (2)划伤; (3)交通事故	(1)观察前往工具存放处的通道,女同志禁穿高跟鞋;物件较重时使用推车双人抬行; (2)将取样工具装在专门的工具箱中,固定车; (3)严格遵守车队"乘车十不准"等管理要求		抽样人员
2	现场取样	(1)中毒; (2)滑倒; (3)跌伤; (4)粉尘; (5)液体腐蚀	(1)向安全监督了解进入井场的注意事项,并严格遵守; (2)向钻井队或钻井液小队技术人员咨询钻井液含硫情况,并采取相应措施进行防范; (3)上下钻井液罐时抓紧好梯子扶手; (4)在罐上行走时注意不被管线绊倒; (5)临边作业时,使用安全带或专人监护; (6)穿戴劳保用品,口罩等		抽样人员
3	提样品装车	(1)扭伤; (2)撞伤	(1)样品过重时,请现场人员帮忙协助装车; (2)装车时要穿戴好劳保用品,防撞伤头部		抽样人员
4	乘车返回,取下样品	(1)交通事故; (2)扭伤; (3)头部撞伤	(1)严格遵守车队"乘车十不准"等管理要求; (2)样品过重时使用推车或双人抬行; (3)卸车时要穿戴好劳保用品		抽样人员

229. 钻井液样品库房管理工作安全分析表

编号：JSA-HQ016

单位			工作任务简述	钻井液样品库房管理		
作业负责人			作业人员		需要的特种作业人员资质	检验员资格证
序号	工作步骤	危害描述	危害控制措施			责任人（岗位）
1	样品入库	(1)滑跌； (2)扭伤； (3)落物； (4)坠落； (5)酸碱腐蚀； (6)粉尘	(1)保持地面干净，避免有油污，钻井液等液体； (2)搬动样品时正确用力，样品过重时几人协作完成； (3)清理、规范摆放其他样品，牵连致其他样品及物件跌落； (4)取放样品架顶层物件时，几人协作完成；使用登高工具时，必须有人监护； (5)穿戴好劳保用品、口罩等； (6)保持包装袋完好，有破损及时更换包装			样品管理人员
2	取拿样品	(1)酸碱腐蚀； (2)环境污染	(1)穿戴好劳保用品、口罩等； (2)检查样品包装，避免泄漏；轻拿轻放，避免破损； (3)保持样品包装完好无破损			(1)样品管理人员； (2)实验人员
3	使用样品	(1)粉尘； (2)酸碱腐蚀	(1)穿戴好劳保用品、口罩等； (2)样品轻拿轻放，避免破损			(1)样品管理人员； (2)实验人员
4	样品归还入库	(1)粉尘； (2)酸碱腐蚀； (3)滑倒； (4)扭伤	(1)地面保持干净，避免有油污，钻井液等液体； (2)搬动样品时正确用力，样品过重时几人协作完成； (3)穿戴好劳保用品、口罩等			(1)样品管理人员； (2)实验人员

230. 药品保管工作安全分析表

编号:JSA－HQ017

单位		工作任务简述	药品保管		检验员资格证
作业负责人		作业人员	需要的特种作业人员资质		责任人(岗位)
序号	工作步骤	危害描述	危害控制措施		
1	新购药品入库、上架	(1)药品洒落; (2)酸碱腐蚀; (3)滑倒; (4)跌伤; (5)中毒	(1)检查防护用品完好情况,并正确穿戴; (2)至少运转排气扇 5min 时间后,才能进入库房,进入库房后,保持换气扇开启; (3)药品轻拿轻放,避免药瓶滑脱、跌落; (4)保持地面干净,无油污等; (5)酸碱性与碱性药品、氧化与还原药品等分开放置,避免发生化学反应		药品管理员
2	药品日常领用	(1)药品洒落; (2)酸碱腐蚀; (3)滑倒; (4)跌伤; (5)有机药品挥发	(1)药品轻拿轻放,注意不要打碎药瓶; (2)穿戴好实验用防护用品; (3)保持换气扇开启,保持通风; (4)保持地面干净,无油污等; (5)药品使用后,密封保存		(1)药品管理员; (2)实验人员
3	使用药品	(1)酸碱腐蚀; (2)有机类药品挥发; (3)药品洒落	(1)穿戴好劳保用品; (2)保持实验环境通风; (3)药品使用后及时密封; (4)需隔天使用的控制药品,将剩余药品归还入库		实验人员
4	药品归还入库	(1)酸碱腐蚀; (2)滑倒; (3)有毒药品挥发	(1)药品轻拿轻放,注意不要打碎药瓶; (2)穿戴好劳保用品; (3)保持换气扇开启,保持通风; (4)保持地面干净,无油污等		(1)实验人员; (2)药品管理员